RÉPUBLIQUE FRANÇAISE

MINISTÈRE DE L'AGRICULTURE

DIRECTION DE L'ENSEIGNEMENT ET DES SERVICES AGRICOLES

OFFICE DE RENSEIGNEMENTS AGRICOLES

CULTURE
PRODUCTION ET COMMERCE DU BLÉ

DANS LE MONDE

PARIS

IMPRIMERIE NATIONALE

1912

CULTURE

PRODUCTION ET COMMERCE DU BLÉ

DANS LE MONDE

MINISTÈRE DE L'AGRICULTURE

DIRECTION DE L'ENSEIGNEMENT ET DES SERVICES AGRICOLES

OFFICE DE RENSEIGNEMENTS AGRICOLES

CULTURE
PRODUCTION ET COMMERCE DU BLÉ
DANS LE MONDE

PARIS
IMPRIMERIE NATIONALE

1912

AVANT-PROPOS.

La crise de la « Vie chère », qui figure depuis quelques années au premier rang des phénomènes de la vie économique mondiale, a provoqué au cours des deux dernières années les vives appréhensions de la masse des consommateurs et surtout celles de la classe ouvrière.

Dans la plupart des nations, en effet, principalement en Europe, une hausse progressive s'est manifestée sur presque toutes les denrées alimentaires, et notamment sur celles qui sont de première nécessité : le pain, la viande, les produits de laiterie, les pommes de terre, etc. Au cours de l'année 1911, ce renchérissement a présenté un tel caractère d'acuité que, dans maintes régions de France, d'Allemagne, de Belgique, d'Autriche, etc., les consommateurs ont manifesté leur mécontentement avec une violence, à vrai dire, souvent exagérée.

Les études multiples auxquelles cette crise économique a donné lieu, tant en France qu'à l'étranger, ont fait ressortir que ses causes peuvent être groupées en deux catégories :

1° Causes accidentelles;

2° Causes permanentes.

Il est indéniable qu'au cours des années 1910 et 1911, les dommages profonds occasionnés à l'agriculture par des circonstances climatériques défavorables (longues périodes de sécheresse, ou d'humidité, épizooties) ont influé, dans une large mesure, sur la hausse des cours de la plupart des produits agricoles.

Mais, en dehors de ces événements fortuits, des facteurs d'un autre ordre ont provoqué, depuis le début du siècle, une hausse progressive du coût de la vie.

Les économistes sont unanimes à reconnaître que le relèvement général des salaires, la recherche du bien-être et du confortable, l'abandon de la stricte frugalité d'autrefois, le développement des besoins, l'augmentation constante de la consommation dans l'ensemble des pays d'Europe, doivent être considérés comme les principales causes permanentes de cette crise économique.

D'autre part, dans toutes les nations, le Pouvoir législatif s'est appliqué à améliorer les conditions du travailleur par le vote de lois sociales qui ont provoqué un accroissement du prix de revient des produits agricoles et industriels. En France, on peut citer les lois sur le repos hebdomadaire, sur les accidents du travail, sur la protection des femmes et des enfants, sur les retraites ouvrières et paysannes, sur l'assistance des vieillards, etc. Toutes ces lois, inspirées par un sentiment de justice et d'humanité qu'on ne saurait trop louer, ont exercé sur l'élévation des prix une influence très sensible.

De plus, en ce qui concerne l'agriculture, en dehors de l'augmentation des charges fiscales et sociales, la rareté de plus en plus grande de la main-d'œuvre contribue dans une large mesure à accroître les frais généraux qui grèvent la production.

Quel que soit le bien fondé de cet ensemble de circonstances, la masse des consommateurs n'accepte pas avec résignation d'en supporter les conséquences, surtout lorsqu'elles se manifestent par un renchérissement des matières alimentaires de première nécessité.

Aussi, les hauts cours pratiqués sur le marché du blé en France depuis près de deux années ont-ils soulevé les vives protestations de la classe ouvrière, qui a facilement admis la thèse d'après laquelle l'agriculture et le régime douanier actuel sont considérés comme seuls responsables de la situation présente.

Dans une nation comme la France, où le blé constitue la base essentielle de l'alimentation, les conditions d'approvisionnement de cette denrée pour l'ensemble du pays doivent être suivies de très près par le Gouvernement, car toute perturbation dans les cours donne naissance à un phénomène économique parfois très complexe, eu égard à la diversité des intérêts en présence. En effet, si l'intérêt général exige que la vie à bon marché soit à la portée de tous, il importe cependant que le producteur ne soit point sacrifié. L'abondance d'une marchandise constituant l'élément fondamental de son bon marché, il est clair que le meilleur moyen de réaliser cette condition consiste à ne pas décourager la production dans sa source même, et à conserver des prix de vente essentiellement rémunérateurs. Pour la culture, comme pour toutes les autres industries, la prospérité n'est possible que si elle possède la certitude de trouver toujours dans l'écoulement de ses produits la juste rémunération de son travail. Or, si l'on considère que l'agriculture constitue en France l'industrie du très grand nombre, on conçoit que, dans toute question où les intérêts de la production et de la consommation doivent être conciliés, il y ait un problème particulièrement difficile à résoudre.

Il ne faut pas oublier à ce point de vue que, sur une population de 38,000,000 d'habitants environ, la France compte, d'après la dernière statistique décennale, une population agricole de 17,435,888 personnes se répartissant comme suit :

Travailleurs agricoles (propriétaires, fermiers, métayers, ouvriers agricoles).	6,663,135
Familles des travailleurs agricoles (femmes, vieillards, enfants)........	10,772,753
TOTAL....................	17,435,888

soit 45 p. 100 de la population totale, qui est intéressée plus ou moins directement à la production du blé.

D'un autre côté, des considérations économiques et culturales sur lesquelles il n'y a pas lieu d'insister ici exigent impérieusement que la culture du blé conserve dans nos campagnes la place prépondérante qu'elle y occupe actuellement. Une réduction importante de la superficie occupée par cette céréale dans notre pays ne saurait être envisagée, car elle exercerait dans les conditions de l'exploitation du sol des perturbations extrêmement profondes, dont les conséquences seraient très funestes à l'agriculture et, par suite, aux intérêts généraux du pays tout entier.

Pas plus aujourd'hui qu'en aucun autre temps, le Gouvernement n'a méconnu la tâche qui lui incombe et la portée de ses responsabilités en présence d'une situation si délicate.

La question est loin d'être aussi simple qu'elle peut le paraître pour quiconque ne l'envisage pas dans tous ses détails. A la vérité, la solution qui consiste dans une suspension momentanée du droit de douane sur les blés n'est pas nouvelle. A la suite de la récolte très déficitaire de 1897, les prix s'élevèrent brusquement au printemps et le Gouvernement, après enquête sur les disponibilités de la culture et du commerce, résolut, non sans hésitation, d'user des pouvoirs que lui confère la loi en l'absence des Chambres. Il décida non pas de réduire, mais de supprimer complètement les droits sur les blés jusqu'au 1er juillet suivant. Or, cette mesure, prise par décret du 4 mai 1898, fut adoptée en vue de remédier à une crise analogue à celle d'aujourd'hui. Les résultats obtenus ne sont pas de nature à encourager le Parlement à renouveler une expérience qui causa une amère déception aussi bien aux consommateurs qu'aux agriculteurs. Aux premiers, en effet, elle ne procura qu'un avantage insignifiant, voire même dérisoire, car, contrairement aux prévisions, le prix de l'hectolitre ne fléchit que de 2 à 3 francs, et encore cette baisse ne fut-elle pas immédiate. Par contre, les importations considérables, effectuées durant la période de suspension des droits, permirent la constitution d'un stock extrêmement important, qui pesa sur le marché intérieur pendant plusieurs années et porta à la production nationale un préjudice énorme. On put constater alors que, contrairement aux prévisions des Pouvoirs publics, la spéculation seule avait été largement favorisée par cette funeste tentative.

Il en eût été vraisemblablement de même au printemps dernier si le Parlement, se laissant entraîner par les efforts des partisans du libre échange, avait pris une décision contraire à celle que lui proposaient d'un commun accord les Ministres de l'Agriculture et du Commerce. Il reconnut fort heureusement qu'il était absolument inutile de bouleverser inconsidérément le système économique protecteur de l'agriculture, puisqu'une pareille mesure ne pouvait exercer qu'une action illusoire sur les cours, tout en présentant, sans aucun doute, des dangers très réels pour la prospérité de l'agriculture nationale.

Toutefois, lors de la discussion, à la Chambre des Députés, du projet de loi portant modification du régime de l'admission temporaire des blés (2ᵉ séance du 31 mai 1912), M. Loth, rapporteur de la Commission des douanes, s'exprimait ainsi : « Notre régime douanier étant, « avant tout, un régime de compensation des frais généraux de production, si l'on veut résoudre « le problème de la réduction des droits d'une façon scientifique et non sous l'impression de cir- « constances passagères, il est de la plus élémentaire logique que nous soyons exactement ren- « seignés non seulement sur le prix de revient des grands pays exportateurs, mais encore sur « l'extension que ces pays sont encore à même de donner à leurs cultures de céréales, et, en « disant cela, nous pensons surtout à la Russie, à la République Argentine et au Canada. »

Le Gouvernement était décidé à montrer que, dans l'étude de ces questions délicates, il était prêt à examiner toutes les revendications, et à prendre toutes les dispositions dont la nécessité lui serait démontrée. Aussi, par l'organe du Ministre du Commerce et de l'Industrie s'engagea-t-il, devant le Parlement, à faire effectuer l'enquête qui lui était demandée.

Une grande partie de cette enquête, et son initiative même, incombaient au Département de l'Agriculture. Avant tout, il convenait de préciser les pays ainsi que les éléments d'étude sur lesquels elle devait porter. C'est à cet effet que le Ministre de l'Agriculture a cru indispensable de faire établir, tout d'abord, des statistiques comparatives sur la production et le commerce du blé dans le monde, en y comprenant les transactions auxquelles donne lieu la farine de froment. Cette procédure paraissait d'autant plus indiquée à suivre que la Commission des blés, siégeant au Ministère du Commerce, avait, de son côté, exprimé le vœu qu'avant sa prochaine séance, l'Administration de l'Agriculture réunît tous documents statistiques relatifs aux mêmes questions.

L'Office de renseignements agricoles a été chargé de recueillir ces informations. Elles font l'objet du présent travail. Les données numériques relatées dans les diverses statistiques étrangères en ce qui concerne les superficies cultivées, la production, les importations, les exportations de blés et de farines ont été converties en mesures françaises, et des tableaux généraux ont été établis pour permettre de procéder à des comparaisons d'ensemble.

*_**

Si l'on jette un coup d'œil sur la carte du monde, on peut constater que la culture du froment est très inégalement répartie à la surface du globe. Les plus importantes superficies cultivées sont surtout situées dans la zone tempérée de l'hémisphère Nord, entre le 30ᵉ et le 60ᵉ degré de latitude Nord. Un autre centre important de production se trouve, dans l'hémisphère Sud, compris entre les mêmes degrés (30 à 60) de latitude Sud. Le froment occupe, en outre, des surfaces assez étendues dans les régions chaudes de l'Inde, de la Perse, de la Turquie d'Asie, de l'Égypte, de la Tunisie et de l'Algérie.

Cette répartition de la culture du blé dans le monde a pour conséquence de faire varier, dans les différents pays, l'époque de la moisson selon la latitude et le climat. Ce phénomène, en raison de la rapidité des communications et de la puissance des moyens de transport, permet de parer à toutes les éventualités, à tous les besoins de l'alimentation et d'assurer la subsistance de la population dans les pays où une mauvaise récolte a raréfié, outre mesure, les stocks disponibles. La moisson, dans les principaux pays du monde, se fait généralement aux époques suivantes :

Janvier. — Australie, Nouvelle-Zélande, Chili, République Argentine.

Février-mars. — Indes Britanniques, Haute-Égypte.

Avril. — Mexique, Égypte, Turquie d'Asie, Perse, Syrie, Asie Mineure, Cuba.

Mai. — Afrique septentrionale, Asie centrale, Chine, Japon, Texas et Floride.

Juin. — Californie, Espagne, Portugal, Italie, Grèce, Orégon, Louisiane, Alabama, Géorgie, Kansas, Colorado, Missouri.

Juillet. — Roumanie, Bulgarie, Hongrie, Autriche, France, Russie méridionale, Minnesota, Nouvelle-Angleterre, Haut-Canada.

Août. — Angleterre, Belgique, Hollande, Allemagne, Danemark, Pologne, Bas-Canada, Manitoba, Colombie.

Septembre. — Canada septentrional, Écosse, Suède, Norvège.

Octobre. — Russie septentrionale.

Novembre. — Pérou et Afrique méridionale.

Décembre. — Birmanie.

La superficie cultivée en blé dans le monde, évaluée il y a 3o ans à 62 millions d'hectares environ, atteint aujourd'hui plus de 1oo millions d'hectares, soit une augmentation de 67.75 p. 1oo.

On peut remarquer, toutefois, que la répartition de cette céréale dans les différents pays, aux différentes époques, a donné lieu à des mouvements très divers. Dans la plupart des vieux États, où les procédés culturaux sont les plus perfectionnés et où la culture intensive domine, on observe une diminution progressive de la culture du froment, lente parfois, rapide dans d'autres cas, et qui s'explique aisément par une orientation nouvelle dans l'exploitation du sol. Elle est causée notamment par l'extension de spéculations plus rémunératrices, dont le caractère principal est la localisation dans certaines régions de productions animales ou végétales, mieux appropriées aux conditions économiques actuelles.

Mais, s'il est vrai que les superficies cultivées en blé diminuent dans ces États, l'importance des récoltes ne suit pas le même mouvement, car la production moyenne par hectare s'élève progressivement, grâce aux progrès réalisés dans les méthodes culturales, malgré les variations parfois sensibles dues aux conditions météorologiques.

Cette réduction de la surface consacrée à la culture du blé s'accuse très nettement aux États-Unis, en Angleterre, en Belgique, en Hollande, en Danemark et en Suisse; on peut constater en France un faible mouvement dans le même sens, mais il y est, et au delà, compensé par l'élévation du rendement moyen par hectare, qui détermine néanmoins au total une sensible augmentation de la quantité disponible.

Dans un certain nombre de pays, ce phénomène est insensible. Pour d'autres, surtout dans les pays neufs, la superficie consacrée au froment augmente rapidement, comme en Russie, aux Indes, en Australie, dans la République Argentine et dans les États danubiens.

L'étude du tableau des rendements moyens à l'hectare dans le monde fait ressortir, pour l'ensemble, une augmentation du rendement moyen à l'hectare. Toutefois, les statistiques de la production du blé mettent en évidence le fait que la production moyenne de cette céréale à l'hectare est, dans un certain nombre de contrées, et notamment en France, sensiblement inférieure à celle obtenue dans quelques pays producteurs d'Europe, principalement dans le Royaume-Uni et en Allemagne.

Dès lors, en se basant uniquement sur la valeur absolue des données statistiques, il pourrait paraître logique d'en déduire que les méthodes de production de l'agriculture française accusent une infériorité marquée sur les procédés utilisés en Allemagne et dans le Royaume-Uni.

Ce serait là une conclusion erronée, car il importe essentiellement d'interpréter les moyennes dont il s'agit en mettant parallèlement en évidence certaines considérations d'importance capitale.

La supériorité des rendements constatés en Allemagne et dans le Royaume-Uni tient exclusivement à ce que, dans ces deux pays, le blé est cultivé, pour la plus grande part, sur des terres riches, naturellement propres à cette culture. C'est ainsi qu'en Allemagne, la production du blé est surtout localisée dans les terrains alluvionnaires de la Poméranie, du Hanovre, de la Bavière et de la Saxe. Dans le Royaume-Uni, elle est plus particulièrement développée dans les comtés de Lincoln, d'Essex, de Norfolk et de Kent.

En France, la situation est tout autre ; il n'est pas en effet dans notre pays de régions agricoles où la culture du blé n'occupe une superficie d'une certaine importance. On trouve cette céréale non seulement dans les sols riches de la Brie, du Nord, de la Beauce, mais dans toutes les régions où le sol offre des qualités suffisantes pour permettre à l'agriculteur de pratiquer cette culture avec quelque succès.

Le tableau ci-dessous permet de juger de l'importance comparative des surfaces cultivées en blé, pour 1910, par rapport à la superficie des terres labourables et à l'étendue totale du territoire de chaque pays. On peut se rendre compte que les rendements les plus élevés sont obtenus dans les nations où la proportion de la surface cultivée en blé est la plus faible par rapport à celle des terres labourables et à celle de l'ensemble du pays ; ce qui prouve que, d'une façon générale, le blé n'y est cultivé que sur les meilleures terres.

NOMENCLATURE DES PAYS	RENDEMENT MOYEN décennal à l'hectare en quintaux.	PROPORTION P. 100 DE LA SUPERFICIE CULTIVÉE EN BLÉ	
		par rapport à la superficie des terres labourables.	par rapport à la superficie totale du pays.
		p. 100.	p. 100.
Allemagne	19.6	7.53	3.59
Angleterre	21.4	1.04	2.40
Belgique	23.6	14.48	5.65
Danemark	27.8	1.57	10.39
Pays-Bas	22.4	6.19	0.0167
Suède	18.8	2.675	0.218
Suisse	20.9	1.92	1.026
Nouvelle-Zélande	20.7	4.794	0.4808
Autriche-Hongrie	11.6	20.13	8.024
Bulgarie	10.1	29.25	11.63
Espagne	9.0	23.21	7.54
France	13.6	27.638	12.38
Italie	9.1	34.72	16.58
Roumanie	11.8	32.16	1.497
Russie	6.7	"	1.382
Serbie	8.7	27.32	7.98
Canada	13.1	52.16	0.4345
Indes britanniques	7.6	10.65	4.52
République Argentine	7.1	27.53	2.115

Ces chiffres sont significatifs et se passent de commentaires.

Il n'est pas d'ailleurs sans intérêt de faire observer que dans les grandes régions à blé, en France, on obtient des rendements à l'hectare particulièrement élevés, qui supportent avantageusement, et au delà, la comparaison avec les rendements des meilleures régions productrices de l'étranger.

Dans les belles et riches plaines de la Flandre française, les rendements moyens de 35 quintaux à l'hectare ne sauraient être considérés comme exceptionnels. De même, la plupart des exploitations de l'Aisne, de l'Oise, de Seine-et-Marne et de Seine-et-Oise obtiennent, en année normale, des rendements moyens de 30 quintaux à l'hectare.

On peut donc conclure que l'infériorité de nos rendements moyens résulte non pas d'une défectuosité de nos méthodes de production, mais uniquement de ce fait que la culture du blé n'est nullement localisée en France aux régions à terres riches et profondes, mais se répartit sur tout l'ensemble du territoire, y occupant souvent des sols de qualité très relative.

Il convient enfin d'ajouter que l'agriculture française a réalisé, au cours du XIX⁰ siècle, d'immenses progrès dans les méthodes de production des céréales et notamment du blé.

L'étude des rendements moyens du blé en France fait ressortir, en effet, qu'ils se sont élevés dans de notables proportions, passant, par accroissements successifs, de 8 hectol. 59, en 1815, à 20 hectol. 20 à notre époque. Ce mouvement a été surtout sensible depuis 1879.

Il faut voir là surtout l'action puissante et continue exercée, dès cette époque, par les Directeurs des Services agricoles, qui ont vulgarisé dans toutes les régions de la France les nouveaux procédés scientifiques (emploi des engrais chimiques, sélection des semences, amélioration des méthodes culturales, etc.).

Les résultats de cette action ont été couronnés de succès et les statistiques agricoles, de 1880 à nos jours, montrent que l'accroissement des rendements moyens du blé à l'hectare a été beaucoup plus rapide, à partir de cette époque, que pendant la longue période antérieure à 1880.

L'étude du mouvement de la production du blé dans le monde n'est pas moins intéressante que celle des superficies cultivées, et l'on peut constater, depuis un quart de siècle, une augmentation considérable de la quantité de cette céréale mise à la disposition de l'alimentation humaine. De 600 millions de quintaux, environ, la production mondiale s'est élevée peu à peu à près d'un milliard de quintaux, ce qui constitue, en trente ans, un accroissement de 400 millions de quintaux, soit 66.66 p. 100. La population des pays intéressés est passée, pendant la même période, de 770,738,000 à 993,584,000 d'habitants, d'où une augmentation de 222,846,000 habitants, soit 28.90 p. 100, et la disponibilité moyenne par tête, pour le monde entier, s'est élevée de 77 kilogr. 84 à 100 kilogr. 64. Ces chiffres ne tiennent pas compte, d'ailleurs, des nombreuses denrées renfermant des substances amylacées, qui sont utilisées en plus ou moins grande quantité dans les différents pays, concurremment avec le blé, pour assurer l'alimentation humaine.

Si l'on examine en détail le tableau de la production mondiale, on y voit se refléter les variations causées par les conditions météorologiques défavorables qui influent sur la récolte, mais qui n'ont pas une bien grande répercussion sur l'ensemble; les diminutions causées dans une région étant compensées, dans la plupart des cas, par une bonne récolte sur d'autres points du globe.

L'accroissement général de la production mondiale est la résultante de mouvements divers. Certains pays, tels que l'Angleterre, l'Italie, le Danemark, ont subi des diminutions très sensibles; d'autres, au contraire, tels que la Russie, la République Argentine, les États-Unis, le Canada, les Indes Anglaises, l'Autriche-Hongrie, la France, l'Allemagne, la Roumanie, la Bulgarie, l'Australie ont vu leur production s'accroître, et cela dans une proportion très importante pour quelques-uns; l'augmentation est plus faible, mais néanmoins appréciable, pour la Suède, la Norvège, la Serbie et le Mexique.

L'accroissement que l'on constate dans la production du froment tient, selon les pays considérés, à des causes très différentes. Dans certains cas, il est dû à la mise en culture de terrains neufs et fertiles, ne demandant que peu de façons et pas d'engrais : dans de telles conditions le prix de revient du quintal de blé est très faible. Ailleurs, l'augmentation de la production résulte de l'application des méthodes de la culture intensive, qui nécessitent de nombreuses façons et des engrais appropriés, relevant d'autant le prix de revient. Parfois, le phénomène doit être attribué à ces deux causes réunies qui influent, chacune pour sa part, sur le mouvement d'accroissement. La mise en culture de nouveaux territoires vierges a, du reste, permis à certaines contrées, telles que la République Argentine, l'Australie, etc., de prendre une place de plus en plus importante sur le marché du froment.

On peut remarquer également que, si l'ouverture des pays neufs à la culture des céréales livre au marché mondial, pendant une certaine période, une nouvelle et importante quantité de blé disponible; elle va généralement de pair avec une extension continue, dans ces mêmes régions, de la population aux besoins de laquelle il faut faire face : d'où une diminution de la quantité exportable.

Il ne rentre pas dans le cadre de cette étude sommaire d'examiner en détail les mouvements divers du commerce des blés et des farines dans chaque pays et d'en rechercher l'explication au point de vue économique; on peut se rendre compte, toutefois, de l'importance des erreurs relatives que comportent à cet égard les statistiques publiées, même si l'on étudie seulement les moyennes décennales, pour réduire les causes d'erreurs.

Les excédents moyens périodiques devraient être sensiblement égaux; ils présentent cependant des différences assez sensibles dues, soit à l'imperfection des méthodes utilisées pour l'établissement des enquêtes de statistique agricole, soit à la plus ou moins grande attention que les services douaniers apportent dans l'établissement des statistiques d'exportation, qui, dans la plupart des cas, ne sont passibles d'aucun droit. Il faut, de plus, tenir compte non seulement des pertes et avaries auxquelles donne souvent lieu la navigation maritime, moyen de transport qu'emploient presque exclusivement la plupart des pays gros exportateurs, mais encore des erreurs matérielles qu'entraîne forcément la conversion en mesures françaises d'un nombre aussi considérable d'unités si diverses

Le tableau suivant montre l'importance des différences :

PÉRIODES.	EXCÉDENT MOYEN DÉCENNAL des importations.	EXCÉDENT MOYEN DÉCENNAL des exportations.
	quintaux.	quintaux.
1880–1889	74,542,400	83,653,700
1890–1899	102,004,800	109,236,800
1900–1909	122,703,600	151,561,900

D'ailleurs, ces différences deviennent moins sensibles si l'on compare les moyennes décennales des disponibilités dans le monde avec la production mondiale périodique :

PÉRIODES.	QUANTITÉS DISPONIBLES dans le monde. Moyenne décennale.	PRODUCTION MONDIALE. Moyenne décennale.
	quintaux.	quintaux.
1880–1889	611,327,700	621,496,100
1890–1899	671,963,280	692,916,900
1900–1909	826,492,050	854,981,400

Si l'on étudie spécialement à notre époque les divers modes d'utilisation du blé, on voit, en ce qui concerne la France, que la consommation du pain y est considérable; elle constitue, en quelque sorte, une caractéristique de l'alimentation dans notre pays. Autrefois, à l'étranger, cette particularité permettait, disait-on, de reconnaître un Français à la grande quantité de pain dont il faisait sa nourriture. Cependant, depuis quelques années, on peut constater que cette consommation tend à diminuer d'une manière générale dans notre pays. Ce fait tient à un certain nombre de causes dont les principales sont les suivantes.

Tout d'abord, on perd, dans la population bourgeoise et ouvrière, l'habitude des soupes épaisses au pain; on y substitue des potages au tapioca, au vermicelle et autres pâtes légères analogues. En outre, l'usage se perd également de manger de la soupe au repas du matin et à celui de midi. Cet aliment est remplacé, le matin, par du lait, du café au lait ou du chocolat, avec lesquels on prend beaucoup moins de pain.

D'une manière générale, l'alimentation de l'ouvrier des villes ou des champs, ainsi que celle de la classe peu aisée, s'est considérablement améliorée. La consommation de la viande s'est développée au détriment de celle du pain, puisqu'une quantité de viande assez faible remplace très avantageusement une grande quantité de pain. D'autre part, le développement de la consommation du vin et des alcools n'a pas été une cause des moins importantes de la diminution de celle du pain. Par contre, on ne saurait passer sous silence l'accroissement important de la consommation du blé, qui provient du remplacement, dans l'alimentation, du pain fabriqué à l'aide des farines d'autres céréales que le froment, telles que le méteil, le seigle, l'orge, le sarrasin, le maïs, par un produit fabriqué exclusivement ou presque avec de la farine de blé. Cette modification dans la nourriture des habitants des campagnes est très intéressante; elle est indéniable et elle est facile à démontrer, non seulement par la réduction continue et croissante des emblavures des céréales autres que le froment, utilisées naguère dans l'alimentation, mais encore par l'augmentation croissante, dans les communes rurales, du nombre des boulangers qui fabriquent du pain blanc, en remplacement du pain bis que cuisaient autrefois les ménagères.

D'un autre côté, l'alimentation des classes aisées a subi une évolution encore plus sensible mais beaucoup plus restreinte dans ses effets; le pain n'y joue plus qu'un rôle plutôt secondaire, et cela grâce à l'augmentation de la consommation de la viande et aux conseils des médecins, qui défendent souvent les farineux pour éviter l'embonpoint.

La résultante de ces deux mouvements en sens inverse a été une augmentation de plus de 18 p. o/o dans les emplois du blé pour les besoins de l'alimentation.

On peut ajouter qu'en France, la quantité disponible pour la consommation s'est élevée du fait de la diminution des quantités utilisées pour l'ensemencement.

En effet, la superficie cultivée en froment a légèrement fléchi depuis ces dernières années, d'où une réduction correspondante de la quantité nécessaire aux emblavures. Cette diminution a été considérablement amplifiée par l'emploi de plus en plus fréquent du semoir, qui est utilisé actuellement sur plus de 1,500,000 hectares. Mais comme, en moyenne, dans la France entière, on emploie environ 50 kilogrammes de moins avec le semoir, on obtient pour les quantités actuellement utilisées comme semences les chiffres suivants : semis à la volée, 5,000,000 hectares, 8,200,000 quintaux; semis au semoir : 1,500,000 hectares : 1,800,000 quintaux, soit un total d'environ 10,000,000 de quintaux nécessaires aux emblavures, soit une économie annuelle de 2,500,000 quintaux.

Enfin, les derniers tableaux permettent de suivre le mouvement des prix sur les différents marchés et les fluctuations très sensibles que subit une marchandise aussi indispensable que le blé dans l'alimentation générale.

[*]

Avant de terminer cette étude sommaire sur la production et le commerce du blé, il semble nécessaire de donner un aperçu de l'organisation du régime douanier de cette denrée aux différentes époques de notre histoire.

Le Conseil d'État a procédé en 1859 à une enquête à propos de la revision de la Législation sur les céréales qui donne à cet égard des indications fort intéressantes dont il a paru nécessaire de rappeler ici les principales en les complétant jusqu'à notre époque.

Sous l'ancienne monarchie, dans les mesures qui ont été prises, on semble s'être attaché surtout à assurer la subsistance du pays sans se préoccuper de favoriser les intérêts de l'agriculture.

Le régime de la liberté a été la condition constante du commerce d'importation des grains étrangers. C'est à peine si, à certaines époques, quelques droits peu élevés, et n'ayant, d'ailleurs, qu'un caractère purement fiscal, ont été perçus à l'entrée des grains sur le territoire français. D'ailleurs, à la première apparence de cherté ou d'insuffisance des ressources, le Gouvernement s'empressait de faire disparaître ces droits, allant même jusqu'à leur substituer des primes destinées à encourager les apports.

L'exportation des grains indigènes a été, au contraire, l'objet de mesures restrictives très fréquentes et d'interdictions très sévères. On peut même dire que la prohibition de sortie était la règle générale.

Au moyen âge, et jusqu'à la Renaissance, les baillis et sénéchaux étaient chargés d'accorder ou de refuser, selon les circonstances, les permissions qui étaient nécessaires pour l'envoi des blés hors du royaume. Ce commerce avec l'étranger, que l'on désignait sous le nom de traites foraines, était autorisé ou défendu sur les divers points de la frontière, suivant la situation particulière des approvisionnements dans chaque province.

Mais, tout en maintenant aux officiers provinciaux le soin de prendre des décisions pour les circonstances ordinaires, le pouvoir royal n'intervenait pas moins dans certains cas pour interdire d'une manière générale ou partielle l'exportation des grains.

C'est ainsi que, sous Charles VII en 1455, et sous François Ier, en 1515, de pareilles interdictions furent décrétées par lettres patentes.

Mais, en 1539, François Ier régularisa cet état de choses. Il révoqua toutes les traites foraines précédemment autorisées, enleva aux baillis et sénéchaux la faculté de les accorder, et réserva au pouvoir royal le droit exclusif de les permettre. Un droit d'un écu sol par tonneau devait être prélevé au profit de l'État sur les traites foraines qui seraient autorisées à l'avenir.

Depuis lors, sous tous les règnes, un grand nombre d'arrêts, édits, ou ordonnances, ont été rendus pour défendre, soit d'une manière générale, soit partiellement, la sortie des grains, ou pour la permettre dans certaines provinces, lorsque la surabondance de leurs ressources paraissait bien clairement établie. En général, les prohibitions étaient sanctionnées par des peines très sévères, et, pendant les grandes disettes qui affligèrent la fin du règne de Louis XIV, les infractions étaient punies de la confiscation des biens, des galères, et même de la mort.

C'est sous Louis XV, en 1764, que paraît avoir surgi pour la première fois l'idée de prendre le prix des grains comme régulateur de l'exportation. Un édit du mois de juillet décida que vingt-sept de nos ports seraient ouverts à la sortie du blé pour l'étranger, tant que le prix resterait inférieur à 12 livres 10 sous le quintal poids de marc (environ 19 francs l'hectolitre). Au-dessus de cette limite, l'exportation était prohibée.

En 1770, la défense absolue d'exportation fut rétablie, et de 1771 à 1787, la sortie fut tantôt permise et tantôt défendue soit d'après les règles posées par l'édit de 1764, soit par voie de décisions spéciales.

Dans le courant de l'année 1787, un édit en date du 17 juin déclara en principe que la liberté du commerce des grains devait être regardée comme l'état habituel et ordinaire du royaume. Il permit l'exportation par tous les points de la frontière; il abolit la limite de prix posée par l'édit de 1764, mais il réserva cependant, au pouvoir royal, la faculté de suspendre la sortie dans les provinces où les états et assemblées provinciales jugeraient cette mesure nécessaire. Les décisions de ce genre ne pouvaient être prises que pour une année, sauf à les renouveler s'il y avait lieu.

La faculté réservée au Gouvernement d'interdire la sortie fut exercée dès l'année suivante, non par simples mesures locales, mais par une défense générale applicable à tout le territoire. Des arrêts du Conseil des 7 septembre et 23 novembre 1788 et 23 avril 1789 furent rendus dans ce but.

Pendant tout le cours de la Révolution, la prohibition fut maintenue très rigoureusement. Des lois, décrets et arrêtés nombreux intervinrent, parmi lesquels on peut citer les lois des 21 et 27 septembre 1789; le décret du 5 décembre 1792, qui prononce la peine de mort contre toute personne qui exporterait des grains; ceux des 8 décembre 1792 et 1er mars 1793, qui renouvellent cette défense sous peine de mort et de confiscation; celui du 11 septembre 1793, qui prononce la peine de six ans de fers contre les conducteurs de voitures et équipages; la loi du 4 nivôse an III, qui supprime la peine des fers contre les conducteurs et maintient la confiscation et la peine de mort contre les propriétaires contrevenants; enfin celles du 7 vendémiaire an IV et du 26 ventôse an V, qui adoucissent successivement les peines prononcées contre les exportateurs de grains et qui ne laissent plus subsister, en définitive, que la confiscation.

Le régime de la défense d'exportation se maintient ainsi à peu près intact jusqu'au 25 prairial an XIII, où il cessa d'être appliqué d'une manière aussi absolue. Un décret vint autoriser la sortie des grains pour l'Espagne, le Portugal, l'Allemagne et la Hollande, par certains ports, moyennant un droit d'un franc par 100 kilogrammes pour le blé et de 50 centimes pour les autres grains. Le décret revenait, en même temps, au système des prix régulateurs, dont l'application avait déjà été tentée. Toute exportation devait cesser lorsque le prix du blé serait monté à 16 francs l'hectolitre dans les départements de l'Ouest et du Nord, et à 20 francs l'hectolitre dans les départements du Midi, d'après les mercuriales de trois marchés successifs du lieu de l'exportation ou du marché aux grains le plus voisin.

La faculté d'exportation pour certains pays, accordée par le décret du 25 prairial an XIII, fut cependant suspendue, à la fin de la même année, par une décision ministérielle; mais, trois mois après, dès le 13 brumaire an XIII, un décret vint encore l'autoriser pour l'Espagne et le Portugal seulement, et par un petit nombre de ports, aux mêmes conditions, du reste, que celles qui avaient été posées par le décret de l'an XII.

Cet état de choses fut de nouveau modifié par des dispositions approuvées par l'empereur le 2 juillet 1806, et qui peuvent être considérées comme la première application, en France, du système de l'échelle mobile.

L'exportation était permise, par les ports de France, sur la Manche, l'Océan et la Méditerranée, et par les villes frontières de l'Allemagne, de l'Espagne et de l'Italie, indiqués par le Ministre de l'Intérieur. Le droit fixé par le décret de l'an XII était maintenu tant que la moyenne des mercuriales de chaque département limitrophe ne s'élevait pas à 19 francs l'hectolitre. A compter de ce prix, le droit s'accroissait dans la proportion suivante :

A 19 francs l'hectolitre, droit de 1 fr. 35 par quintal.

A 20   —   —   1 fr. 50   —

A 21   —   —   2 fr. 00   —

A 22   —   —   3 fr. 00   —

A 23   —   —   4 fr. 00   —

A 24 francs l'hectolitre, la sortie était prohibée.

Des mercuriales des départements étaient relevées et arrêtées tous les quinze jours par les préfets des départements limitrophes qui notifiaient leurs arrêtés aux directeurs des douanes. Le nombre des marchés de chaque département devait être de 10 au moins.

De 1806 à 1813, aucun changement ne fut apporté en principe aux dispositions en vigueur; mais des décisions en sens divers furent prises successivement pour autoriser ou pour défendre l'exportation sur les différents points de la frontière. Lorsque l'exportation était permise, on se conformait aux prescriptions du règlement du 2 juillet 1806. Jusqu'en 1809, des circonstances favorables permirent d'autoriser l'exportation sur une portion importante du littoral ; mais, en 1810, on en revint aux mesures restrictives ; les droits à la sortie furent doublés, des prohibitions partielles furent prononcées, et elles finirent par s'étendre à tout l'Empire, pendant les années 1811, 1812 et 1813.

C'est seulement vers le milieu de 1814 que le Gouvernement crut devoir permettre de nouveau le commerce d'exportation. Une ordonnance royale du 26 juillet autorisa provisoirement la sortie des grains et farines par les ports et frontières, moyennant le payement d'un droit de balance, qui était fixé à 15 centimes par 100 francs de valeur.

Le Gouvernement préparait alors sur cette matière une loi qui fut rendue à la date du 2 décembre 1814. Les départements frontières devaient être divisés en trois classes : la première, comprenant ceux de ces départements où les grains sont habituellement plus chers que dans le reste du royaume ; la deuxième, ceux où ils se maintiennent à un prix moyen ; la troisième, ceux où ils sont ordinairement au prix le moins élevé.

La sortie des grains était prohibée lorsque le prix de l'hectolitre de blé froment atteignait :

23 francs dans les départements de la 1re classe ;

21 francs dans ceux de la 2e classe ;

19 francs dans ceux de la 3e classe.

Au-dessous de ces limites, l'exportation devait rester libre, moyennant le payement du droit de balance.

Le prix moyen du blé destiné à servir de régulateur pour l'exportation et pour la prohibition de sortie devait être établi chaque semaine d'après celui des dernières mercuriales des trois principaux marchés de chaque département frontière.

Une ordonnance royale du 18 décembre suivant compléta les dispositions de la loi du 2 décembre, en établissant la classification des départements frontières et en désignant les ports et les bureaux de douane par lesquels la sortie des grains pourrait avoir lieu.

En 1815, la sortie des grains fut de nouveau suspendue, d'abord par décision ministérielle pour les frontières du Nord et de l'Est et pour toute la frontière d'Espagne ; puis, par un décret impérial du 31 mai 1815, pour tous les ports depuis Bayonne jusqu'à Dunkerque ; enfin, par une ordonnance royale du 3 août 1815, pour toutes les frontières de terre et de mer, et cette prohibition fut maintenue pendant la crise de 1816 et de 1817 et jusqu'au milieu de l'année 1819.

De cette dernière époque date l'adoption d'un système d'ensemble destiné à régler en même temps l'entrée et la sortie des grains et l'établissement du régime de l'échelle mobile tel qu'il s'est perpétué jusqu'en 1860, sauf certaines modifications.

Une loi de douanes du 20 avril 1816 avait assujetti l'importation des grains et farines à un droit de 50 centimes par 100 kilogrammes, et ce droit, successivement aboli et rétabli par ordonnances royales et décisions ministérelles, avait été conservé en dernier lieu par une ordonnance royale du 4 mars 1819.

La loi du 16 juillet 1819 établit, d'abord, que le droit permanent de 50 centimes fixé par la loi de 1816 serait converti en un droit également permanent de 1 fr. 25 par hectolitre de grains, et de 2 fr. 50 par quintal métrique de farine, droit qui serait réduit à 25 centimes par hectolitre de grains et à 50 centimes par quintal de farine, lorsque l'importation aurait lieu par navires français.

Adoptant ensuite la classification établie pour les départements frontières par l'ordonnance du 18 décembre 1814, relative à l'exportation, la loi de 1819 portait que le droit permanent serait augmenté sur les importations de blés étrangers, sans distinction de pavillon, d'un droit supplémentaire de 1 franc par hectolitre, lorsque le prix des blés indigènes serait descendu à :

23 francs dans les départements de la 1re classe;

21 francs dans ceux de la 2 classe;

19 francs dans ceux de la 3e classe.

Au-dessous de ces limites, chaque franc de diminution sur les prix donnait lieu à un nouveau droit supplémentaire de 1 franc par hectolitre, sans distinction de pavillon.

Le quintal de farine devait supporter le triple des droits supplémentaires imposés sur l'hectolitre de grains.

L'importation des grains étrangers était prohibée d'une manière absolue, lorsque le prix des blés descendait :

Au-dessous de 20 francs dans les départements de la 1re classe ;

Au-dessous de 18 francs dans ceux de la 2e classe ;

Au-dessous de 16 francs dans ceux de la 3e classe.

Pour l'exécution de ces dispositions, le Ministre de l'Intérieur devait faire dresser et arrêter, à la fin de chaque mois, un état des prix moyens des grains sur un certain nombre de marchés dits marchés régulateurs; cet état, publié au *Bulletin des lois* du 1er de chaque mois, devait servir à la perception des droits pendant le mois qui suivait sa publication.

Les trois classes de départements frontières étaient subdivisées en sections ayant chacune leurs marchés régulateurs, et leur prix moyen spécial qui devait servir à l'assiette des droits, et qui se réglait sur les mercuriales des deux premiers marchés du mois courant et du dernier marché du mois précédent.

L'exportation des grains dans les différentes sections devait continuer à être régie par les dispositions de la loi du 2 décembre 1814; mais les prix moyens destinés à lui servir de règle devaient être établis dans les formes prescrites par la nouvelle loi.

En 1820, dans une loi de douanes du 7 juin, une distinction fut établie, pour la perception des droits à l'importation, entre les céréales provenant des pays de production et celles qui venaient d'ailleurs.

Le droit permanent était fixé à 25 centimes par hectolitre pour les grains et à 50 centimes par quintal pour les farines arrivant par navires français des pays de production, et à 1 fr. 25 pour les grains et à 2 fr. 50 pour les farines qui étaient amenés d'ailleurs aussi par navires français.

Une ordonnance du 23 octobre de la même année désigna comme pays de production :

Les ports de la mer Noire, de l'Égypte, de la Baltique, de la mer Blanche et des États-Unis d'Amérique.

La loi de 1819 avait été faite en vue de protéger notre agriculture contre la concurrence des blés russes; mais elle ne satisfit pas les producteurs. On était alors dans une période d'abondance; et, comme il arrive toujours en pareil cas, on attribuait à la législation un abaissement de prix qui était la conséquence naturelle de la succession de plusieurs bonnes récoltes. Quoi qu'il en soit, les plaintes devinrent si vives qu'on crut devoir les accueillir; et, en 1821, une nouvelle loi, qui porte la date du 4 juillet, fit subir à la loi de 1819 des changements destinés à favoriser les intérêts agricoles, en donnant plus de latitude à l'exportation et en restreignant, au contraire, les facilités d'importation.

Cette loi modifiait la division des départements frontières en établissant quatre classes au lieu de trois. Elle changeait aussi la désignation des marchés régulateurs, en augmentait le nombre et en modifiait la répartition.

Le droit permanent, avec distinction des provenances des pays de production ou d'ailleurs, continuerait à être perçu sur toute importation des blés étrangers.

Le premier droit supplémentaire de 1 franc par hectolitre imposé par la loi de 1819 sur les importations devait être perçu à l'avenir lorsque le prix des blés indigènes serait descendu à :

26 francs dans les départements de la 1re classe;
24 francs dans ceux de la 2e;
22 francs dans ceux de la 3e;
20 francs dans ceux de la 4e.

Le second droit supplémentaire de 1 franc par hectolitre, pour chaque franc de diminution sur le prix des blés indigènes, devait être perçu lorsque ce prix serait descendu au-dessous des mêmes limites.

L'importation des blés et farines venant de l'étranger devait être prohibée lorsque le prix des blés indigènes serait descendu au-dessous de :

24 francs dans les départements de la 1re classe;
22 francs dans ceux de la 2e;
20 francs dans ceux de la 3e;
18 francs dans ceux de la 4e.

L'exportation ne devait être suspendue, dans chaque classe, que lorsque les prix auraient dépassé de 2 francs les prix ci-dessus fixés comme limites à l'importation.

Enfin, la loi de 1821 portait que le prix commun entre les marchés régulateurs de chaque classe ou section serait établi sans égard aux quantités vendues dans chaque marché et elle maintenait les lois des 2 décembre 1814, 16 juillet 1819 et 7 juin 1820, en tout ce qui n'était pas contraire aux dispositions nouvelles.

XVIII

La révolution de Juillet avait été précédée par une année de cherté, et, lorsqu'elle éclata, une réaction assez vive s'était opérée dans les esprits contre la loi de 1821 qui était considérée comme accordant une protection excessive aux intérêts de l'agriculture, et comme ayant pour résultat de maintenir le prix du blé à un taux trop élevé. Aussi, un des premiers soins du Gouvernement nouveau fut-il d'apporter quelques modifications au régime établi en 1821, en attendant qu'on eût pu se livrer à un examen approfondi de la question, et de là est résulté le régime transitoire de la loi du 20 octobre 1830. Cette loi établissait que, sur la frontière de terre comme sur celle de mer, le maximum du droit variable à l'importation des grains serait de 3 francs l'hectolitre, et le minimum de 0 fr. 25, et que ces droits et les droits intermédiaires de 2 francs et de 1 franc continueraient d'être appliqués suivant le prix légal des grains, conformément aux lois de 1819 et 1821. Ces droits devaient être perçus sans distinction de provenances, et avec la seule surtaxe de 1 franc pour les grains arrivant par mer, sous pavillon étranger.

Pour les importations de farine, le minimum du droit était fixé à 0 fr. 50 par 100 kilogrammes par navires français, et à 2 fr. 50 par navires étrangers, sans distinction de provenance.

La loi de 1830 ne devait avoir d'effet que jusqu'au 30 juin 1831 pour les départements de la 1re classe, et jusqu'au 31 juillet pour les départements des 2e, 3e et 4e classes.

A la date du 2 juin 1832, une ordonnance royale maintint la disposition de la loi de 1830, qui avait remplacé le marché régulateur de Fleurance par celui de Lyon dans la première classe départementale. Elle établit la distinction instituée par la loi du 7 juin 1820 en faveur des céréales provenant directement des pays de production, avec cette différence, toutefois, que ce n'était plus seulement certaines contrées désignées qui étaient considérées comme pays de production, mais que la faveur accordée aux provenances des pays de production était acquise toutes les fois qu'il était certifié que les grains étaient le produit du pays d'où ils étaient importés en France.

Seulement la provenance directe tenait lieu de justification pour les grains importés des pays désignés comme producteurs.

Pour tout le reste des dispositions relatives à l'importation et à l'exportation, on rentrait sous l'empire des lois de 1819 et 1821.

La loi du 15 avril 1832, en conservant sur certains points et en modifiant sur certains autres les dispositions des lois de 1819 et de 1821, apporta dans le régime établi par ces lois un changement important, en abolissant la prohibition éventuelle à l'entrée et à la sortie des grains et farines.

Mais il est à remarquer que ce changement a été plus nominal que réel; car, dès que les prix du blé descendaient à un certain taux sur le marché français, les droits d'entrée devenaient tellement élevés qu'ils avaient un véritable caractère prohibitif, et il en était de même pour l'exportation, aussitôt que la cherté commençait à se faire sentir,

Pour l'importation, les droits existants furent maintenus dans les limites posées par la loi de 1821. Mais, dans les cas où cette loi prohibait l'entrée des blés ou des farines venant de l'étranger, cette prohibition fut remplacée, pour le blé, par une surtaxe de 1 fr. 50 par hectolitre, et pour la farine par une surtaxe de 4 fr. 50 par quintal métrique pour chaque franc de baisse dans le prix des grains indigènes.

Les droits d'entrée sur les grains d'espèces inférieures et leurs farines furent fixés d'après les droits à percevoir sur le blé et sa farine.

La surtaxe sur les importations par navires étrangers fut réduite, pour tous les cas, à 1 fr. 25 par hectolitre, et cette surtaxe devait cesser d'être perçue quand le prix moyen du froment s'élèverait :

Au-dessus de 28 francs dans la 1re classe;
Au-dessus de 26 francs dans la 2e classe;
Au-dessus de 24 francs dans la 3e classe;
Au-dessus de 22 francs dans la 4e classe.

La surtaxe qu'une loi de douanes avait imposée aux importations par terre fut abolie pour les grains et farines.

Pour l'exportation, le système existant, qui présentait l'alternative, soit d'une liberté complète, moyennant payement d'un simple droit de balance, soit d'une prohibition absolue, fut remplacé par une série de droits gradués d'après la baisse ou la hausse des prix du froment.

La sortie pouvait avoir lieu au droit de balance, lorsque le prix du blé était descendu à :

25 francs dans les départements de la 1re classe;
23 francs dans ceux de la 2e classe;
21 francs dans ceux de la 3e classe;
19 francs dans ceux de la 4e classe.

Au-dessus de ces limites, il devait être perçu, outre le droit de balance, un droit de 2 francs par hectolitre, droit qui s'augmentait ensuite de 2 francs par chaque franc de hausse sur le prix du blé.

Pour les farines, le droit de sortie, établi au quintal métrique, devait être double de celui qui pesait sur l'hectolitre de froment.

La revision des tarifs, établis ou maintenus par la loi de 1832, devait avoir lieu dans la session qui suivrait la récolte de 1832, et la perception des droits n'était autorisée que jusqu'au 1er juillet 1833. Mais une autre loi fut rendue, à la date du 26 avril 1833, d'après laquelle les droits d'entrée et de sortie sur les grains et farines durent continuer à être perçus jusqu'à revision des tarifs.

En 1839, des mesures spéciales ont été prises pour suspendre provisoirement, sur certains points du littoral, l'exportation des grains et farines.

La loi du 28 janvier 1847 suspendit, jusqu'au 31 juillet suivant, les effets de l'échelle mobile, en ce qui concerne l'importation des grains, qui fut permise au simple droit de balance jusqu'à cette époque.

Ces dispositions furent ensuite prorogées jusqu'au 31 janvier suivant, pour ce qui concerne l'importation des grains et farines, par une nouvelle loi du 22 juillet 1847.

La crise de 1853 donna lieu aussi à d'autres mesures du même genre, qui furent prises par décrets et successivement prorogées.

Un décret du 3 août 1853 commença par abolir temporairement la surtaxe sur les céréales importées par navires étrangers.

Un autre décret du 18 du même mois suspendit temporairement aussi le jeu de l'échelle mobile, en ce qui concerne l'importation des grains et farines, qui fut permise au simple droit de balance.

Un décret du 29 novembre 1854 prohiba l'exportation des grains et farines.

Ces diverses dispositions furent maintenues à plusieurs reprises, et pour ce qui concerne l'importation, le jeu de l'échelle mobile fut encore suspendu jusqu'au 30 septembre 1859. A l'égard de l'exportation, l'application de la législation en vigueur a été reprise vers la fin de 1857, en vertu d'un décret du 10 novembre.

Quoi qu'il en soit, ces mesures exceptionnelles et transitoires, que les circonstances avaient rendu nécessaires, n'avaient pas porté atteinte aux bases mêmes de la législation sur les céréales et si les effets de cette législation avaient dû être momentanément suspendus, elle n'en existait pas moins encore dans son entier. Le régime de l'échelle mobile fut suspendu par le décret du 22 août 1860, puis abrogé définitivement par la loi du 15 juin 1861, qui établissait en outre les droits suivants sur les céréales :

Froment, épeautre, méteil, 0 fr. 50 les 100 kilogrammes;
Farines de froment, 1 franc les 100 kilogrammes;
Pain, grains perlés ou mondés, gruaux, semoules en gruaux, 1 franc les 100 kilogrammes.
Les grains et farines étaient déclarés exempts de droits d'exportation.

Le Gouvernement impérial, nettement libre-échangiste, cessa de protéger la culture et il n'est fait aucune mention des céréales dans les divers traités de commerce de 1860. Les conséquences de l'adoption de ce régime ne se firent pas attendre. Les prix du blé, soutenus en 1861 et 1862 fléchirent très rapidement sous l'influence de bonnes récoltes, jusqu'à s'abaisser au cours de 16 fr. 50 l'hectolitre. Bien que les cours se soient relevés à la suite d'une diminution de rendements, l'avenir démontra que la stabilité n'était nullement acquise. Aussi, l'agriculture manifesta hautement son mécontentement et un mouvement d'opinion en faveur du retour au régime protecteur se dessina très net. Les orateurs qui prirent dans les deux Chambres, à partir de 1880, la défense des intérêts agricoles se plaignirent amèrement de la situation de l'agriculture qui n'était pas satisfaisante. La Commission des douanes vint affirmer elle-même que sans être gravement atteinte, la culture lui paraissait sérieusement menacée. Les agriculteurs justifiaient leur demande d'établissement de droits de douane en faisant ressortir la nécessité d'établir une égalité absolue de traitement entre l'agriculture et l'industrie; ils proclamaient d'autre part que les droits compensateurs étaient destinés à remédier à l'excédent de charges dont souffrait le producteur français par rapport à son concurrent étranger. Les agriculteurs n'allaient pas jusqu'à espérer que les droits protecteurs donneraient à la culture un nouvel essor à l'abri d'une barrière douanière appropriée, ils voulaient simplement vivre. Ces doléances parurent si justifiées que le Parlement rétablit, par la loi du 7 mai 1881, le principe de la protection de la culture des céréales, et les droits de 0 fr. 60 par 100 kilogrammes de blé et de 1 fr. 20 par quintal de farine furent adoptés. Les autres céréales continuaient à être admises en franchise. Le courant protecteur se renforça graduellement car les droits furent portés par la loi du 28 mars 1885 à 3 francs pour les grains, 6 francs pour les farines et 5 fr. 50 pour les gruaux, semoules et gruaux et grains perlés ou mondés. Deux années plus tard, la loi du 29 mars 1887 accentua encore le caractère protecteur du régime et les droits furent fixés à 5 francs par 100 kilogrammes sur les grains et à 8 francs pour le quintal de farine. Cependant cette protection apparut encore aux agriculteurs comme notoirement insuffisante. Lors des études préliminaires sur la revision douanière de 1892, ils protestèrent avec la plus grande énergie contre l'inégalité choquante qui existait au point de vue douanier entre l'agriculture et l'industrie. Ils démontrèrent que la « grande délaissée » était en France dans une situation bien inférieure à celle des autres pays où les salaires sont moins élevés, les terres plus neuves et les charges économiques moins lourdes; ils ajoutaient que si jadis les distances constituaient des remparts assez puissants, les progrès réalisés dans les conditions de transports avaient permis de réduire le taux des frets dans des proportions telles qu'un nouveau relèvement du droit de douane était indispensable pour compenser l'inégalité des charges et préserver l'agriculture d'un effondrement des cours. Les libres échangistes, répondant à l'argument que les droits protecteurs étaient surtout destinés à développer l'industrie agricole comme toutes les autres industries, déclaraient que le protectionnisme engendrerait la routine. Les défenseurs des tarifs douaniers faisaient valoir que la France pouvaient largement suffire à la production de la majeure partie des denrées alimentaires nécessaires à la consommation nationale, mais ils ajoutaient qu'il était nécessaire de donner confiance à l'agriculture pour lui permettre de s'assurer la possession de notre marché intérieur. Convaincu que le système protecteur a surtout pour lui de développer la fortune agricole de la France, d'augmenter les rendements à l'hectare et la valeur du cheptel vivant, d'encourager le progrès ainsi que l'emploi des nouvelles méthodes et de l'outillage perfactionné, le Parlement adopta cette manière de voir en établissant une échelle de droits suffisamment élevés pour donner satisfaction aux desiderata de l'agriculture. Le tarif sur le froment, maintenu à 5 francs par la loi du 11 janvier 1892, fut fixé à 7 francs par 100 kilogrammes par la loi du 27 février 1894. Les droits sur les grains concassés et les farines et produits dérivés furent établis comme suit :

Grains concassés et boulanges contenant plus de 10 p. o/o de farine. 11 fr. par 100 kilogr.

Farines au taux d'extraction de 70 p. o/o et au-dessus........... 11 fr.   —

Farines au taux d'entraction compris entre 70 et 60 p. o/o........ 13 fr. 50   —

Farines au taux d'extraction de 60 p. o/o et au-dessous........... 16 fr.   —

Pain.. 7 fr.   —

Gruaux, semoules en gruaux, grains perlés ou mondés........... 16 fr.   —

Cette étude sommaire du régime douanier du blé en France montre qu'en raison du rôle si considérable que cette céréale joue au point de vue de l'alimentation humaine et de la source de richesse extrêmement importante qu'elle constitue pour les populations rurales, les Pouvoirs publics ont toujours été amenés à prendre des mesures en vue d'encourager la production de cette denrée ou d'en assurer l'approvisionnement. Cette situation n'est nullement spéciale à notre pays et des considérations du même ordre ont conduit les divers gouvernements à instituer pour les céréales une législation adaptée aux nécessités économiques du moment.

ALLEMAGNE. — D'après le tarif en vigueur de 1845 à 1848, le froment acquittait, dans les différents États, un droit d'entrée de 1 fr. 14 par hectolitre. Le tarif de 1856 fixe ce droit à 0 fr. 46 par hectolitre. Dans tous les États du Zollverein, les droits furent levés de 1853 à 1857, à la suite d'une crise alimentaire.

Depuis, les inconvénients de ce régime libre-échangiste se firent sentir et le Parlement décida bientôt d'entrer dans la voie du protectionnisme. Les droits sur le blé furent fixés d'abord à 4 fr. 375, puis à 9 fr. 375 au tarif maximum, et à 6 fr. 875 au tarif minimum, tandis que les farines furent taxées à 23 fr. 45 au tarif maximum et à 12 fr. 75 au tarif minimum. En outre, pour répondre à des besoins particuliers, fut votée la loi du 14 avril 1894 créant les bons d'importation.

Pour bien comprendre les motifs et la portée de cette loi, il faut se rappeler que l'Allemagne, considérée dans son ensemble ne peut se suffire avec sa production de blé, mais que les récoltes de l'Est et du Nord dépassent sensiblement les besoins locaux. Tant que le système du libre-échange fut en vigueur pour les céréales, ces excédents étaient exportés. Les droits protecteurs déterminèrent entre les prix du marché intérieur et ceux du marché international un écart qui rendit l'opération impossible. On se flatta d'abord que la consommation indigène remplacerait les débouchés que l'on ne pouvait plus chercher au dehors. Mais il en coûtait bien plus de transporter les blés de Poméranie dans le sud et l'ouest de l'Empire que de les expédier par mer dans les pays scandinaves, ou même en Hollande et en Angleterre, comme on l'avait fait jusque-là. De plus, certaines quantités de grains étaient particulièrement prisées à l'étranger tandis qu'en Allemagne elles ne se vendaient pas mieux que les sortes courantes. Il en résulta que les provinces orientales ne tardèrent pas à être encombrées de leurs produits. Les cours y restaient constamment inférieurs à ceux du reste du pays, et l'agriculture s'y voyait poussée à délaisser la production des espèces de choix.

Pour rendre au marché l'élasticité qui lui manquait, on pensa qu'il fallait intéresser le commerce à la sortie des blés indigènes en l'autorisant à compenser les exportations dont il ferait les frais par des importations exemptes de droits. Ce principe admis, on pouvait décider que les exportations donneraient lieu soit au remboursement des quittances concernant des importations déjà faites, soit à la délivrance de bons permettant d'effectuer des importations ultérieures en franchise. Le second système parut tendre plus directement au but poursuivi, c'est-à-dire au développement de l'exportation [1], et il prévalut au sein du Parlement.

Depuis le 1er mai 1894, l'exportation ou la mise en entrepôt réel de froment, de seigle, d'orge, d'avoine et de colza à l'état de grains, de farine ou de malt donne ouverture à la délivrance de bons au porteur qui peuvent être versés dans toute l'étendue de la Confédération, comme numéraire pour le payement des droits d'entrée :

1° Sur les céréales;

2° Sur diverses denrées pour lesquelles les droits de douane ont un caractère purement fiscal comme le café, le thé, le cacao, etc.

---

[1] Exposé des motifs de la loi du 14 avril 1894, p. 5.

La valeur de ces bons se calcule en appliquant les taxes du tarif conventionnel aux quantités dont la sortie est justifiée et en comptant 75 kilogrammes de farine de froment, 65 kilogrammes de farine de seigle, 75 kilogrammes de malt pour 100 kilogrammes de grains. Elle s'élève par conséquent à :

35 marks (43 fr. 75) pour l'exportation de 1,000 kilogrammes de froment ou de seigle;

46 marks 65 (58 fr. 31) pour l'exportation de 1,000 kilogrammes de farine de froment;

53 marks 33 (66 fr. 66) pour l'exportation de 1,000 kilogrammes de farine de seigle;

20 marks (25 fr.) pour l'exportation de 1,000 kilogrammes d'orge;

26 marks 66 (33 fr. 32) pour l'exportation de 1,000 kilogrammes de malt.

Le système des bons d'importation pour les céréales a donné lieu, dans ces dernières années, à de vives critiques et à de nombreuses plaintes. Ses détracteurs lui reprochent :

1° De contribuer à la hausse des cours;

2° De favoriser l'exportation des céréales au détriment de leurs dérivés, ce qui est surtout le cas des seigles;

3° D'agir comme prime de sortie en ce sens que les nombreux bons d'importation créés par l'exportation de grandes quantités de céréales propres à l'alimentation permettent d'introduire sans perception de droits de douane des quantités égales de café, de pétrole, etc.;

4° D'encourager la substitution excessive des blés par des céréales d'un degré inférieur. Par exemple, étant donné la différence de traitement douanier entre l'avoine et l'orge fourragère, de contribuer au remplacement de l'espèce la plus taxée par la moins taxée;

5° Enfin de causer de graves préjudices aux caisses de l'État.

Une proposition de loi a été déposée sur le bureau du Reischstag pour modifier radicalement le système en vigueur. Le Gouvernement estimant que les bons d'importation constituent le meilleur moyen de favoriser l'exploitation du sol sans nuire aux intérêts du commerce extérieur, a fait connaître que tout en se réservant de prescrire une enquête pour étudier les côtés faibles du système, il était entièrement d'avis que les nombreuses critiques soulevées ne tenaient qu'à des causes tout à fait passagères.

ANGLETERRE. — En 1670, fut institué un régime protecteur de l'agriculture; une loi (22, Charles II, chapitre 13) établit des droits d'importation qui étaient abaissés dans le cas d'une insuffisance de récolte. Sous Georges III, en 1815, la loi (55, chapitre 26) vint édicter la suppression des droits d'entrée, mais elle posait en principe que l'importation était prohibée lorsque le blé anglais n'atteignait pas une certaine limite.

Le régime de l'échelle mobile fut introduit en Angleterre sous Georges IV, par la loi (3, chapitre 60) en 1822; puis, en 1828, la prohibition d'importation fut abolie et l'échelle mobile remaniée.

D'après ce tarif, des droits variables frappaient les froments importés dès que les prix intérieurs étaient inférieurs à 31 fr. 82 l'hectolitre. Au-dessus de ce prix, le droit d'entrée était fixé à 0 fr. 43 l'hectolitre.

Ce système, vivement attaqué par les partisans du libre-échange, fut définitivement abandonné à la suite de la crise alimentaire qui sévit en 1846 dans le Royaume-Uni. A partir de la loi du 1er février 1849 (9 et 10, Victoria, chapitre 22), l'échelle mobile fit place à des droits fixes, réglés à 0 fr. 43 par hectolitre pour le blé et à 0 fr. 93 par quintal pour la farine. Enfin, la loi du 1er juin 1869 (32 et 33, Victoria, chapitre 4) vint supprimer le droit fixe à l'importation. Il fut rétabli à 0 fr. 59 le quintal pour quelques mois comme taxe fiscale, en 1901, après la campagne Sud-Africaine.

AUTRICHE-HONGRIE. — Le régime douanier des céréales y a subi peu de changements depuis 60 ans; une faible réduction des droits d'entrée a seulement été accordée en 1850 (1 fr. 74 par hectolitre de froment). L'exportation est complètement libre.

On a pu constater également la même évolution protectionniste que dans les autres États, et les droits d'abord fixés à 3 fr. 75 le quintal pour le blé, furent portés à 7 fr. 85 au tarif maximum et à 6 fr. 60 au tarif minimum. Les farines sont actuellement taxées à 15 fr. 75 au tarif minimum.

BELGIQUE. — La Belgique a adopté le régime de l'échelle mobile en 1834. D'après le tarif établi, l'importation du froment était libre tant que les cours étaient supérieurs ou égaux à 20 francs. Entre 12 francs et 20 francs des droits gradués étaient établis, et, lorsque le prix de l'hectolitre était inférieur à 12 francs, l'importation était complètement prohibée. L'exportation n'était interdite que lorsque le prix de l'hectolitre dépassait 24 francs.

Après avoir été temporairement suspendu à l'occasion de diverses crises alimentaires, le système de l'échelle mobile fut remplacé en 1848 par un droit fixe de 0 fr. 50 par quintal, et, en 1850, par un droit de 1 franc. Ce droit fut supprimé en 1853. La loi du 2 février 1857 a fixé les droits à 0 fr. 50 pour le froment et à 1 franc pour les farines, avec liberté complète d'exportation.

Actuellement, le tarif d'entrée comporte l'exemption pour le blé et un droit de 2 francs sur les farines.

ESPAGNE. — Le système général fut, de 1834 à 1858, la prohibition à l'importation et l'exemption de droits à la sortie. L'importation fut complètement libre de 1853 à 1858.

Depuis, par suite d'une évolution économique analogue à celle de l'Europe centrale, le droit d'importation sur le blé fut fixé à 8 francs par quintal et à 14 francs pour la farine.

ÉTATS-UNIS. — De 1816 à 1848, le droit d'entrée était de 3 fr. 80 par hectolitre. Le tarif de 1846 a substitué au droit fixe le droit à la valeur. D'abord fixé à 20 p. 0/0, ce droit a été ramené à 15 p. o/o. Depuis 1909, le tarif est fixé à 4 fr. 76 par quintal pour le blé et à 25 p. o/o *ad valorem* pour la farine.

ITALIE. — En Sardaigne, le droit de douane sur le blé a été supprimé par la loi du 16 février 1854.

En Toscane, jusqu'en 1858, les droits sur le blé ont été très faibles (25 à 33 centimes par hectolitre), alors que les farines acquittaient des droits variant de 12 fr. 50 à 7 fr. 50 le quintal. Un décret de 1858 a légèrement haussé les taxes sur les blés et diminué celles sur les farines.

Le régime de l'échelle mobile a fonctionné de 1823 à 1846 dans les États Romains. Modifié par suite d'insuffisance de récoltes, il fut remis en vigueur en 1858. Le jeu de l'échelle mobile, en ce qui concerne l'exportation, est directement inverse au système applicable à l'importation.

Dans les Deux-Siciles, le tarif de 1850 avait établi des droits différentiels à l'importation et à l'exportation, suivant que le transport avait lieu par bâtiments nationaux ou étrangers. Ce régime, suspendu temporairement, puis légèrement modifié en 1858, fut rétabli par la suite.

Actuellement, les droits sont fixés à 7 fr. 50 par quintal pour le blé et à 11 fr. 50 pour la farine.

PAYS-BAS. — En 1838, on remplaça le régime du droit fixe (0 fr. 52 par quintal) en vigueur depuis 1830, par celui de l'échelle mobile. Le droit, fixé à 0 fr. 435 quand le prix du blé était supérieur à 19 francs l'hectolitre, s'élevait progressivement à mesure que les cours descendaient de 19 francs à 10 fr. 60. Au-dessus de ce taux, la taxe à l'entrée était de 6 fr. 40. Lorsque le prix dépassait 16 fr. 90 l'hectolitre, l'exportation était soumise à un droit de 0 fr. 87 par hectolitre.

Le système du droit fixe (0 fr. 50 par hectolitre) fut rétabli en 1847 et, depuis, le régime douanier comporte l'exemption au tarif d'importation.

RUSSIE. — L'exportation des céréales, soumise jusqu'en 1851 à un droit de 12 centimes par hectolitre, est devenue entièrement libre à cette époque. Sous l'empire du tarif de 1857, les droits à l'entrée sur le blé sont de 1 fr. 72 ou 0 fr. 57 par hectolitre, suivant que l'importation a lieu par mer ou par voie de terre. Actuellement, l'importation est exempte de droits en ce qui concerne le blé, tandis que la farine est taxée à 7 fr. 326 le quintal.

SUISSE. — D'après le tarif de 1851, les droits sont, à l'importation, de 0 fr. 30 par quintal pour les céréales et légumes secs et de 1 franc par quintal pour la farine. Antérieurement, aucune taxe n'était perçue. Le droit à la sortie est de 0 fr. 20 par quintal pour les grains et les farines.

Actuellement, le tarif d'importation est fixé à 0 fr. 30 par quintal pour le blé et à 2 fr. 50 pour la farine.

d.

Le tableau ci-dessous permet de se rendre compte des tarifs douaniers actuellement en vigueur en ce qui concerne les blés et les farines.

| PAYS. | DROITS DE DOUANE EXPRIMÉS EN FRANCS PAR QUINTAL MÉTRIQUE. | | | | DATE D'ÉTABLISSEMENT des tarifs. |
| | BLÉS. | | FARINES. | | |
	Tarif maximum.	Tarif minimum.	Tarif maximum.	Tarif minimum.	
Allemagne......................	9 375	6 875	23 4375	12 75	25 décembre 1912. (Appliqué depuis 1906.)
Angleterre......................	Exempt.		Exempt.		
Autriche-Hongrie...............	7 85	6 60	"	15 75	Mars 1909.
Brésil.........................	"	2 832 (1)	"	7 08 (1)	Juin 1898.
Belgique..	Exempt.		"	2 00	Mars 1907.
Bulgarie.......................	"	0 50	"	5 00	Juillet 1910.
Danemark.......................	Exempt.		Exempt.		1900.
Espagne........................	8 00	8 00	14 00	14 00	Juillet 1906.
États-Unis.....................	"	4 76	"	25 0/0 *ad valorem.*	1909.
Italie.........................	"	7 50	"	11 50	Juillet 1906.
Pays-Bas......	Exempt.		Exempt.		
Roumanie.......................	"	0 05	"	9 00	Juillet 1906.
Russie...........	Exempt.		"	7 326	Février 1892.
Suisse.........................	"	0 30	"	2 50	Mars 1906.
Suède	"	5 14	"	9 03	Mars 1899.
Uruguay	"	7 236	"	18 36 (2)	Juin 1904.

(1) 35 p. 100 en or, le reste en papier monnaie au cours du jour. Il y a en outre une surtaxe de 2 p. 100 en or dans certains ports (Rio de Janeiro, Bahia-Blanca, etc.). A Para, la taxe est de 8 fr. 496 or par quintal.

(2) Droit obtenu par une taxe fixe de 2 piastres 70 or (14 fr. 72), plus une taxe de 8,5 p. 100 *ad valorem*, la valeur du quintal étant fixée à 8 piastres or.

* * *

Pour terminer l'exposé de la situation actuelle, il y a lieu de donner ici quelques indications sur les instructions données par le Ministre de l'Agriculture pour se conformer aux engagements pris par le Gouvernement devant la Chambre.

Il a été ouvert, en France et dans les pays étrangers offrant quelque intérêt à cet égard, une enquête générale en vue de rechercher le prix de revient du blé dans les différents pays et les procédés capables d'accroître la production de cette céréale.

Cette enquête, poursuivie par l'*Office de Renseignements agricoles,* porte sur les points suivants :

1° *Prix de revient approximatif du quintal de froment, selon les diverses régions culturales.*

Pour établir ce prix de revient, les enquêteurs ont été invités à déterminer, autant qu'il leur était possible, pour chacune des régions agricoles :

a) Le montant de l'impôt foncier et l'évaluation des charges de toute nature que les autres impôts directs ou indirects font peser sur l'agriculture, ainsi que la quote-part supportée par la culture du blé.

b) Le loyer ou la rente du sol, soit d'après la valeur vénale de la terre, soit d'après le montant des fermages.

c) L'intérêt du capital engagé (machines, bétail, etc.).

d) La quantité et le prix de la semence employée.

e) Les dépenses de main-d'œuvre.

f) Évaluation des charges diverses incombant à l'agriculture (assurances, accidents du travail, retraites ouvrières, etc.).

2° Superficie cultivée correspondante, dans chaque région, au prix de revient établi.

3° Possibilité d'augmenter la superficie ensemencée en blé et influence ultérieure de cette augmentation sur le prix de revient et le rendement total.

4° Possibilité d'accroître le rendement à l'hectare sur les terres actuellement en blé et influence de cet accroissement sur le prix de revient du quintal.

* * *

Cette étude sommaire de la culture et de la production du blé, sous ses phases diverses, et depuis une époque assez éloignée, permet de constater que le retour au régime protecteur a marqué pour la France le début d'une ère de prospérité. L'agriculteur, certain désormais, de pouvoir travailler à l'abri des perturbations économiques et de trouver dans la vente de ses produits la juste rémunération de son labeur, a multiplié ses efforts pour obtenir de ses terres le maximum de production.

N'est-ce pas, en effet, grâce à des droits protecteurs judicieusement établis que l'agriculture française a vu se dissiper la crise prolongée qui paralysait son action et menaçait de laisser prendre à la concurrence étrangère une place prépondérante sur nos marchés d'approvisionnement? Par l'amélioration rationnelle de ses procédés culturaux, par l'accroissement régulier du rendement à l'hectare, notre agriculture se trouve désormais en mesure de produire le blé dans de meilleures conditions que par le passé et de satisfaire, en année normale, aux besoins croissants de la consommation intérieure. De tels résultats ont contribué puissamment à accroître la richesse nationale, puisqu'ils ont empêché l'exode des capitaux considérables nécessaires, autrefois, aux achats de blés étrangers.

La production du blé en France progresse, d'ailleurs, dans des conditions telles que, vers 1900, lorsque les cours de cette céréale fléchirent brusquement, à la suite de la suspension des droits de douane tentée en 1898, quelques esprits alarmistes se crurent fondés à attribuer la dépréciation des prix à l'importance de plus en plus grande de la production nationale. C'est ainsi que, dans la presse agricole de l'époque, d'aucuns émirent cette opinion que les professeurs d'agriculture, en incitant les cultivateurs à accroître leurs rendements par l'application des progrès de la science aux méthodes culturales, avaient provoqué, en ce qui concerne le blé, une rupture d'équilibre entre l'offre et la demande.

Depuis cette époque, où des circonstances passagères avaient provoqué ces alarmes, la production du blé se développe en France d'année en année, par le seul fait de l'accroissement des rendements à l'hectare. Les agriculteurs sont, du reste, persuadés qu'ils peuvent élever cette production dans des proportions encore très importantes. Cette conviction résulte moins de l'infériorité de nos rendements moyens à l'hectare par rapport à ceux d'autres pays, ou des différences très sensibles constatées à cet égard dans les diverses régions de France que des écarts observés sur des exploitations situées dans des conditions identiques. En effet, dans une région donnée et pour la même année, on observe facilement d'un domaine à un autre, des écarts d'un tiers, et parfois davantage, dans la production à l'hectare. Sans même envisager des situations extrêmes, c'est-à-dire sans comparer des exploitations modèles et d'autres particulièrement négligées, les différences sont souvent très accusées et par conséquent susceptibles d'être réduites.

En résumé, deux faits dominants se dégagent de la présente étude :

D'une part, la culture du blé constitue en quelque sorte la base fondamentale de l'assolement de la plupart des exploitations agricoles de notre pays et, d'un autre côté, la puissance productive de l'agriculture française, en ce qui concerne cette céréale, permet de satisfaire, de plus en plus régulièrement, aux besoins de la consommation nationale.

Une situation aussi favorable n'a pu être acquise qu'à l'abri d'une législation douanière équitablement protectionniste. On conçoit, dès lors, que les défenseurs des intérêts agricoles aient manifesté de légitimes appréhensions en présence des doléances formulées par les détracteurs du régime économique dont nous jouissons actuellement. Alors que ces derniers voient dans une réduction des taxes douanières le moyen de provoquer un fléchissement sensible et durable du prix du blé, les partisans d'une protection efficace des produits agricoles sont loin d'attendre d'une telle mesure une amélioration des cours. Ils estiment, en outre, qu'une modification de cette nature serait, sans aucun doute, susceptible de compromettre, peut-être irrémédiablement, l'œuvre poursuivie depuis si longtemps, avec autant d'opiniâtreté que de succès, par l'agriculture nationale.

PREMIÈRE PARTIE.

SUPERFICIES CULTIVÉES. — PRODUCTION. — IMPORTATIONS. EXPORTATIONS. QUANTITÉS DISPONIBLES. — POPULATION.

FRANCE.

ANNÉES.	SUPERFICIE CULTIVÉE.	PRODUCTION.		IMPORTATIONS. (Commerce spécial.)				EXPORTATIONS. (Commerce spécial.)				EXCÉDENTS		QUANTITÉ TOTALE représentée par la production augmentée de l'importation, déduction faite de l'exportation. — Quintaux.	PRIX MOYEN du quintal.	POPULATION.
		QUINTAUX.	HECTOLITRES.	Grains. Quintaux.	Farines. Quintaux de farine.	Farines. Quintaux de farine convertis en quintaux de grains.	TOTAL en quintaux de grains.	Grains. Quintaux.	Farines. Quintaux de farine.	Farines. Quintaux de farine convertis en quintaux de grains.	TOTAL en quintaux de grains.	des importations sur les exportations — en quintaux de grains.	des exportations sur les importations — en quintaux de grains.			
1	2	3	4	5	6	7	8	9	10	11	12	13	14	15	16	17
	hectares.	quintaux.	hectolitres.	quintaux.	quintˣ.	quintaux.	quintaux.	quintaux.	quintˣ.	quintaux.	quintaux.	quintaux.	quintaux.	quintaux.	fr. c.	
1810															26 81	29,280,000
1811															34 19	29,350,000
1812															42 85	29,370,000
1813															20 63	29,330,000
1814															23 02	29,340,000
1815	4,591,677		39,460,971												25 36	29,380,000
1816	4,472,260	32,487,520	43,316,694	372,555	27,795	39,740	412,301	11,703	3,779	5,404	17,197	395,104	»	32,882,624	36 70	29,480,000
1817	4,672,305	35,968,033	47,984,044	1,481,895	79,899	114,255	1,596,150	1,342	3,186	4,556	5,898	1,590,252	»	37,578,285	40 96	29,700,000
1818	5,623,202	39,523,445	52,697,927	1,292,507	29,954	42,834	1,335,401	103	18,677	26,708	26,811	1,308,590	»	40,832,035	32 01	29,880,000
1819		35,315,447	45,561,471	957,621	14,073	20,124	977,745	40,337	64,649	92,448	132,785	844,960	»	36,160,407	23 92	30,060,000
1820	4,683,788	33,260,790	44,347,720	495,466	823	1,177	496,643	51,046	85,662	122,497	173,543	323,100	»	33,583,890	25 51	30,250,000
Moyenne quinquennale	**4,809,584**	**35,315,047**	**46,781,571**	**920,020**	**30,509**	**43,627**	**963,849**	**20,924**	**35,190**	**50,322**	**71,247**	**892,402**		**36,207,449**	**33 05**	»
1821	4,753,079	43,664,451	58,219,268	442,685	10,756	15,381	458,066	37,225	74,048	107,175	144,400	313,666	»	43,978,117	23 72	30,450,000
1822	4,797,810	38,142,530	50,856,707	714	151	216	930	41,200	87,620	125,296	166,496	»	165,566	37,976,964	20 66	30,700,000
1823	4,854,816	44,007,046	58,676,862	»	621	888	888	24,739	92,952	132,921	157,660	»	156,772	43,850,874	23 36	30,940,000
1824	4,884,232	46,341,729	61,788,972	531	274	392	923	21,586	94,461	135,079	156,665	»	155,742	46,185,987	21 63	31,100,000
1825	4,854,169	45,776,382	61,035,177	709,094	339	485	709,579	435,300	108,853	155,660	590,960	118,619	»	45,895,001	20 90	31,410,000
1826	4,895,088	44,723,937	59,631,917	492	220	314	806	244,023	105,288	150,562	395,185	»	394,379	44,329,558	21 14	31,600,000
1827	4,902,981	42,589,458	56,785,944	44,805	1,709	2,444	47,249	23,119	122,470	175,132	198,242	»	150,993	42,438,465	23 28	31,800,000
1828	4,948,130	44,117,634	58,823,512	850,327	19,953	28,533	878,860	49,307	78,784	112,661	161,968	716,892	»	44,834,526	29 38	32,000,000
1829	5,024,483	48,214,140	64,285,521	1,207,338	63,494	90,796	1,298,134	46,000	85,846	122,760	169,360	1,128,774	»	49,342,914	30 00	32,280,000
1830	5,011,704	39,586,500	52,782,008	1,452,702	63,969	91,476	1,544,178	2,080	70,551	100,888	102,968	1,441,210	»	41,027,716	30 05	32,370,000
Moyenne décennale.	**4,892,648**	**43,716,441**	**58,288,583**	**470,868**	**16,148**	**23,092**	**493,961**	**92,577**	**92,177**	**131,813**	**224,390**	**269,571**		**43,986,012**	**24 42**	»
1831	5,511,155	42,322,270	56,429,694	787,662	46,255	66,078	853,740	97,713	67,793	96,847	194,560	659,180	»	42,981,450	29 95	32,570,000
1832	5,159,757	60,066,762	80,089,016	3,158,479	132,216	188,880	3,347,359	30,589	95,953	136,704	167,293	3,180,066	»	63,246,828	28 65	32,730,000
1833	5,242,779	49,554,855	66,073,141	3,976	536	766	4,742	30,468	100,952	144,217	174,685	»	169,943	49,384,912	21 80	32,890,000
1834	5,302,748	46,485,919	61,981,226	331	8	11	342	39,071	111,333	159,047	198,118	»	197,776	46,288,143	20 20	33,070,000
1835	5,338,043	53,773,113	71,697,484	316	20	28	344	26,847	124,735	178,193	205,040	»	204,696	53,568,417	20 16	33,260,000
1836	5,284,807	47,687,793	63,583,725	165,338	28	40	165,378	28,281	143,216	204,637	232,918	»	67,540	47,620,253	23 00	33,540,000
1837	5,407,868	50,936,650	67,915,534	213,746	72	103	213,849	45,226	214,871	306,958	352,184	»	138,335	50,798,315	24 57	33,690,000
1838	5,400,749	50,807,678	67,743,571	74,472	729	1,041	75,513	222,504	185,796	265,423	487,927	»	412,414	50,395,264	25 83	33,790,000
1839	5,384,288	38,701,799	64,935,732	864,969	13,025	18,607	883,576	339,330	174,329	249,041	588,371	295,205	»	48,997,004	28 90	33,940,000
1840	5,531,782	60,660,323	80,880,431	1,583,826	67,707	96,724	1,680,550	11,789	97,321	139,030	150,819	1,529,731	»	62,190,054	28 40	34,080,000
Moyenne décennale.	**5,362,398**	**51,099,716**	**68,132,955**	**636,311**	**26,059**	**37,228**	**722,539**	**87,182**	**131,607**	**188,010**	**275,192**	**447,347**		**51,547,064**	**25 23**	»
1841	5,562,668	53,597,702	71,463,683	116,838	292	417	117,255	352,851	201,443	287,775	640,626	»	523,371	53,074,391	24 05	34,230,000
1842	5,576,110	53,485,665	71,314,220	416,990	3,458	4,920	421,930	403,734	168,099	240,141	643,875	»	221,945	53,263,720	25 43	34,450,000
1843	5,604,105	55,237,882	73,650,509	1,513,692	3,484	4,977	1,518,669	70,503	101,502	145,003	215,506	1,303,163	»	56,541,045	27 40	34,660,000
1844	5,679,337	61,841,133	82,454,845	1,847,973	5,879	8,398	1,856,371	78,925	142,652	203,788	282,713	1,573,658	»	63,414,791	25 96	34,900,000
1845	5,743,135	53,972,460	71,963,280	560,634	731	1,044	561,678	120,015	145,197	207,424	327,439	224,239	»	54,206,699	26 44	35,100,000
1846	5,936,008	45,522,726	60,696,968	3,606,768	55,232	78,903	3,685,671	20,139	114,290	163,271	183,410	3,502,261	»	49,024,987	31 70	35,400,000
1847	5,979,311	73,208,355	97,611,140	6,634,736	655,814	936,877	7,571,613	44,473	72,039	102,913	147,386	7,424,227	»	80,632,582	38 22	35,470,000
1848	5,973,377	65,995,826	87,994,435	925,853	8,183	11,690	937,543	747,085	487,611	696,587	1,443,672	»	506,129	65,489,697	21 83	35,520,000
1849	5,966,153	68,071,284	90,761,712	3,033	241	344	3,377	1,128,585	763,839	1,091,198	2,219,783	»	2,216,406	65,854,878	20 20	35,550,000
1850	5,951,384	65,090,091	87,986,788	438	136	194	632	1,474,495	1,249,464	1,784,920	3,259,415	»	3,258,783	62,731,308	19 12	35,630,000
Moyenne décennale.	**5,803,249**	**59,692,318**	**79,589,758**	**1,562,695**	**73,345**	**104,778**	**1,667,474**	**444,080**	**344,612**	**492,302**	**936,382**	**731,092**		**60,423,409**	**26 12**	»
1851	5,999,376	64,489,074	85,986,232	76,847	43	61	76,908	1,452,706	1,533,218	2,190,311	3,643,017	»	3,556,109	60,923,565	19 04	35,800,000
1852	6,090,049	64,549,039	86,065,386	200,394	399	570	200,964	720,819	734,155	1,048,790	1,769,609	»	1,568,645	62,980,394	23 28	35,930,000
1853	6,210,605	47,781,778	63,709,038	3,138,142	313,671	448,101	3,586,243	149,991	445,390	626,271	776,262	2,809,981	»	50,591,759	29 64	36,070,000
1854	6,408,238	72,895,703	97,194,271	3,199,770	684,626	978,037	4,177,807	38,338	105,519	150,741	189,079	3,988,728	»	76,884,431	38 31	36,230,000
1855	6,419,330	54,702,544	72,936,726	2,353,951	283,058	404,368	2,758,319	698	100,659	143,795	144,493	2,613,826	»	57,316,370	38 94	36,080,000
1856	6,468,236	63,981,714	85,308,953	5,367,093	849,066	1,212,951	6,580,044	53	88,521	126,458	126,511	6,453,533	»	70,435,247	40 47	36,190,000
1857	6,593,530	82,819,846	110,426,462	2,757,815	109,155	155,935	2,913,750	91,696	147,471	210,673	302,369	2,611,381	»	85,431,227	31 50	36,300,000
1858	6,639,688	82,492,310	109,989,747	1,302,790	48,264	68,948	1,371,738	2,937,500	1,332,767	1,903,953	4,841,453	»	3,469,715	79,022,595	21 87	36,340,000
1859	6,709,278	65,659,470	87,545,960	1,035,966	10,432	14,903	1,050,869	3,270,597	2,003,680	2,862,400	6,132,997	»	5,082,128	60,577,842	22 26	36,500,000
1860	6,711,298	76,180,219	101,573,625	534,120	8,906	12,723	546,843	1,838,016	1,245,400	1,779,151	3,617,167	»	3,070,324	73,109,895	20 88	36,510,000
Moyenne décennale.	**6,404,063**	**65,555,229**	**90,073,640**	**1,996,688**	**230,762**	**329,659**	**2,326,347**	**1,050,041**	**773,678**	**1,104,254**	**2,154,295**	**172,052**		**67,727,282**	**28 21**	»

FRANCE. (Suite.)

ANNÉES	SUPERFICIE CULTIVÉE (hectares)	PRODUCTION (quintaux)	PRODUCTION (hectolitres)	IMPORTATIONS — GRAINS — Quintaux	IMPORTATIONS — FARINES — Quintaux de farine	IMPORTATIONS — FARINES — Quintaux de farine convertis en quintaux de grains	IMPORTATIONS — TOTAL en quintaux de grains
1861	6,754,227	56,357,215	75,116,287	9,197,641	752,271	1,074,673	10,272,314
1862	6,881,613	74,469,168	99,292,224	4,145,217	400,047	571,495	4,716,712
1863	6,918,768	87,586,495	116,781,794	1,625,177	158,638	226,623	1,851,802
1864	6,880,073	83,455,513	111,274,018	561,201	34,459	49,227	610,428
1865	6,904,892	71,678,707	95,571,600	231,943	17,706	25,294	257,237
1866	6,915,565	63,848,591	85,131,455	598,191	21,601	30,858	629,049
1867	6,960,425	62,254,304	83,005,739	5,070,361	1,306,850	1,866,928	6,937,289
1868	7,062,841	87,587,250	116,783,000	7,844,257	322,474	460,667	8,304,934
1869	7,034,087	80,956,165	107,941,553	1,338,282	34,403	49,147	1,387,429
1870		(1)74,243,712	(1)98,988,631	3,773,331	328,265	468,950	4,242,281
Moyenne décennale.	6,923,610	74,243,712	98,988,631	3,438,560	337,671	482,388	3,920,947
1871	6,422,883	51,957,314	69,276,419	9,498,322	622,034	945,765	10,444,085
1872	6,937,922	90,602,594	120,803,459	4,045,184	139,518	199,311	4,244,495
1873	6,825,948	61,419,500	81,892,667	4,953,827	167,400	239,143	5,192,970
1874	6,874,186	90,847,622	133,130,163	7,900,873	212,820	304,028	8,204,901
1875	6,946,081	75,476,146	100,634,861	3,493,711	28,838	41,197	3,534,908
1876	6,850,458	71,579,874	95,439,832	5,281,459	40,607	58,010	5,339,469
1877	6,976,785	75,109,238	100,145,651	3,307,462	63,437	90,624	3,488,086
1878	6,843,085	71,453,023	95,270,698	13,873,473	71,437	106,338	13,979,811
1879	6,941,675	59,873,815	79,355,866	22,170,966	119,252	170,360	22,341,326
1880	6,879,875	75,504,773	99,471,559	19,999,437	280,643	400,918	20,400,355
Moyenne décennale.	6,850,880	73,292,390	97,510,117	9,191,171	178,888	400,008	9,711,040
1881	6,950,114	75,670,355	96,810,356	12,852,054	235,693	336,701	13,188,758
1882	6,907,792	93,482,716	122,153,524	12,946,981	326,656	466,651	13,413,632
1883	6,803,821	79,261,591	103,753,426	10,117,673	430,890	613,357	10,733,230
1884	7,052,221	88,234,081	114,230,977	10,549,219	503,491	719,273	11,268,492
1885	6,950,765	85,181,197	109,861,862	6,457,861	298,348	426,211	6,881,072
1886	6,956,167	82,357,588	107,287,082	7,097,486	252,643	360,918	7,458,404
1887	6,967,466	87,004,682	112,456,107	8,967,143	190,727	272,167	9,239,610
1888	6,978,134	74,969,693	98,740,728	11,357,123	277,632	396,617	11,753,740
1889	7,038,068	83,230,671	108,319,771	11,417,592	303,829	536,898	11,854,490
1890	7,061,739	89,733,991	116,915,880	10,552,014	317,458	453,511	11,005,525
Moyenne décennale.	6,967,315	83,922,256	109,052,971	10,231,514	313,987	448,481	10,879,995
1891	5,759,599	58,508,807	77,265,828	19,601,834	742,027	1,060,038	20,661,872
1892	6,986,628	84,567,242	109,537,907	18,842,370	423,566	607,951	19,450,321
1893	7,073,050	75,592,225	97,792,080	10,031,629	159,013	227,161	10,258,790
1894	6,991,449	93,671,456	122,469,207	12,490,188	202,291	288,987	12,785,175
1895	7,001,660	92,463,696	119,967,745	4,507,304	346,131	494,473	5,001,777
1896	6,870,352	92,006,743	119,742,416	1,584,770	217,074	310,105	1,894,875
1897	6,583,770	65,924,090	86,900,038	5,226,591	183,869	262,770	5,489,361
1898	6,963,711	90,312,290	128,096,149	19,545,463	381,406	544,951	20,090,414
1899	6,940,210	99,459,800	128,418,920	1,304,944	196,381	280,544	1,585,488
1900	6,864,070	86,598,900	114,710,880	1,294,528	208,686	297,265	1,591,793
Moyenne décennale.	6,802,551	85,066,534	110,490,122	9,443,562	306,190	437,424	9,880,986
1901	6,793,783	84,617,540	109,573,810	1,583,088	251,265	358,950	1,942,038
1902	6,563,711	89,240,038	115,530,692	2,457,459	292,430	417,757	2,875,216
1903	6,478,728	98,784,618	128,385,530	4,726,027	227,396	324,851	5,050,878
1904	6,528,898	81,549,339	105,305,575	2,063,107	206,391	294,844	2,357,951
1905	6,509,711	91,128,925	118,212,850	1,827,073	125,225	178,392	2,005,965
1906	6,516,758	89,457,681	114,500,653	3,072,209	87,635	125,192	3,197,401
1907	6,577,469	103,753,000	111,070,030	[illegible]	570,702	[illegible]	5,899,055
1908	6,604,370	80,185,080	117,070,030	[illegible]	103,921	853,006	[illegible]
1909	6,596,240	97,752,200	125,521,900	1,428,450	43,650	62,350	1,490,800
1910	6,554,370	68,806,100	90,801,300	6,348,600	125,150	178,800	6,527,400
Moyenne décennale.	6,568,404	89,127,749	115,266,557	2,782,884	160,725	229,607	3,012,491
1911	6,433,360	87,727,100	111,049,900	21,434,032	138,165	197,573	21,631,605
1912	6,555,500	91,182,600	118,008,000				

ANNÉES	EXPORTATIONS — GRAINS — Quintaux	EXPORTATIONS — FARINES — Quintaux de farine	EXPORTATIONS — FARINES — convertis en quintaux de grains	EXPORTATIONS — TOTAL en quintaux de grains	EXCÉDENTS des importations sur les exportations (quintaux de grains)	EXCÉDENTS des exportations sur les importations (quintaux de grains)	QUANTITÉ TOTALE représentée par la production augmentée de l'importation déduction faite de l'exportation (Quintaux)	PRIX MOYEN du quintal (fr. c.)	POPULATION
1861	383,917	377,068	538,668	922,585	9,349,729	"	65,706,944	32 36	37,390
1862	191,172	161,800	231,143	422,315	4,294,397	"	78,763,565	30 50	37,520
1863	458,661	114,443	163,490	622,151	1,229,651	"	88,816,146	25 35	37,710
1864	831,197	498,200	711,714	1,542,911	"	932,483	82,523,030	23 54	37,860
1865	2,217,230	957,019	1,367,170	3,584,400	"	3,327,163	68,351,544	21 88	38,020
1866	2,382,156	1,934,529	2,763,613	5,145,769	"	4,516,720	59,331,871	26 33	38,080
1867	250,023	126,292	180,417	430,440	6,506,849	"	68,761,153	34 74	38,230
1868	361,242	104,488	149,268	510,510	7,794,424	"	95,381,674	34 60	38,330
1869	541,852	85,344	121,920	663,772	723,657	"	81,679,822	26 64	38,390
1870	233,251	53,383	76,261	309,512	3,932,769	"	78,176,481	26 70	38,440
Moyenne décennale.	785,070	441,256	630,366	1,415,436	2,505,511		76,749,223	28 29	
1871	59,368	39,562	56,517	115,885	10,328,200	"	62,285,514	34 16	36,190
1872	2,341,924	543,185	775,978	3,117,902	1,126,593	"	91,729,187	30 58	36,140
1873	1,005,870	856,239	1,223,198	2,229,068	2,963,902	"	64,383,402	33 57	36,340
1874	732,087	684,962	978,517	1,710,604	6,494,297	"	106,341,919	32 66	36,490
1875	1,853,369	2,144,710	3,063,871	4,917,240	"	1,382,332	74,093,814	23 54	36,660
1876	661,260	1,307,426	1,867,751	2,529,011	2,810,458	"	74,390,332	26 59	36,830
1877	1,474,676	1,684,764	2,406,805	3,881,481	"	393,595	74,715,843	31 09	37,000
1878	96,484	363,084	518,691	615,175	13,364,636	"	84,817,659	29 96	37,180
1879	56,295	191,092	272,988	329,283	22,012,043	"	81,885,858	28 20	37,320
1880	88,941	151,812	216,874	305,815	20,094,540	"	95,599,313	29 96	37,450
Moyenne décennale.	837,027	796,883	1,138,119	1,975,146	7,741,894		81,024,284	30 03	
1881	86,470	166,041	238,487	324,957	12,863,801	"	88,540,156	28 82	37,590
1882	84,004	97,412	139,160	223,164	13,190,468	"	106,673,181	27 69	37,730
1883	103,713	122,756	175,365	279,078	10,454,152	"	89,715,743	24 83	37,860
1884	39,518	107,084	152,977	192,495	11,075,997	"	99,310,078	23 10	38,010
1885	74,282	86,363	123,376	197,658	6,686,414	"	91,867,611	21 71	38,110
1886	28,365	76,539	109,341	137,706	7,320,698	"	89,678,286	22 84	38,230
1887	9,478	48,262	68,946	78,424	9,161,186	"	96,255,868	23 41	38,260
1888	13,412	92,153	131,647	145,059	11,608,681	"	86,578,374	24 79	38,290
1889	11,048	113,770	162,528	173,576	11,680,914	"	94,911,595	24 60	38,370
1890	5,874	85,568	122,240	128,114	10,877,411	"	100,611,402	24 98	38,380
Moyenne décennale.	45,616	99,685	142,407	188,623	10,491,972		94,414,228	24 51	
1891	7,362	66,201	94,573	101,935	20,559,937	"	79,068,744	27 12	38,350
1892	8,410	127,640	182,343	190,753	19,259,568	"	103,826,810	23 59	38,360
1893	17,796	196,798	281,140	298,936	9,959,854	"	85,552,079	21 38	38,380
1894	31,891	245,475	350,678	382,569	12,402,606	"	106,074,062	19 85	38,420
1895	20,718	132,616	189,451	210,169	4,791,608	"	97,215,304	18 62	38,400
1896	11,310	180,149	257,355	268,665	1,626,210	"	94,232,953	19 20	38,520
1897	5,615	192,327	274,757	280,372	5,208,989	"	71,133,085	24 84	38,600
1898	17,448	406,716	581,023	598,471	19,401,943	"	118,804,233	25 47	38,800
1899	19,279	203,857	291,224	310,503	1,274,985	"	100,734,875	19 81	38,900
1900	15,202	268,050	383,210	398,412	1,193,381	"	89,792,281	19 08	38,900
Moyenne décennale.	15,508	201,983	288,575	304,078	9,576,908		94,643,442	21 89	
1901	6,366	185,383	264,832	271,198	1,670,840	"	86,328,380	20 07	38,980
1902	8,183	162,554	232,220	240,403	2,634,813	"	91,874,851	21 45	39,050
1903	6,209	119,979	171,398	177,607	4,873,271	"	103,657,889	22 36	39,120
1904	5,098	169,231	241,758	246,856	2,111,095	"	83,660,434	21 33	39,190
1905	10,615	209,180	427,412	438,027	1,567,938	"	92,696,863	22 86	39,220
1906	23,591	306,716	438,165	461,756	2,735,645	"	92,193,320	23 83	39,260
1907	[illegible]	[illegible]	[illegible]	[illegible]	[illegible]	"	107,182,711	[illegible]	[illegible]
1908	59,741	324,941	464,201	523,942	329,006	"	86,517,114	22 90	39,300
1909	184,300	438,400	626,300	810,600	680,200	"	98,432,400	23 60	39,420
1910	13,450	251,850	359,800	373,250	6,154,150	"	74,960,250	25 36	39,520
Moyenne décennale.	33,057	252,429	360,615	393,672	2,618,819		91,746,568	22 60	
1911	7,464,000	171,177	244,783	252,247	21,379,358	"	109,190,758	"	
1912									

Superficie ....
- totale .... 53,646,400 hectares.
- productive .... 49,757,185 hectares, soit 93.9 p. o/o.
- improductive .... 3,218,579 hectares, soit 6.1 p. o/o.
- terres labourables ... 23,678,846 hectares, soit 47.6 p. o/o.
- céréales .... 13,584,200 hectares, soit 57.6 p. o/o des terres labourables.

Densité de la population .... 74 habitants par kilomètre carré.

(1) Évaluation moyenne de la période précédente.

ALGÉRIE.

ANNÉES.	SUPER-FICIE CULTIVÉE.	PRODUC-TION.	RENDEMENT MOYEN à l'hectare.	IMPORTATIONS.			EXPORTATIONS.			EXCÉDENT		QUANTITÉ DISPONIBLE représentée par la production plus l'importation moins l'exportation.	POPU-LATION.
				BLÉ, en grains.	FARINE convertie, en grains.	TOTAL, en grains.	BLÉ, en grains.	FARINE convertie, en grains.	TOTAL, en grains.	des IMPORTA-TIONS.	des EXPORTA-TIONS.		
1	2	3	4	5	6	7	8	9	10	11	12	13	14
	hectares.	quintaux.	quintaux.	quintaux.	quintaux.	quintaux.	quintaux.	quintaux.	quintaux.	quintaux.	quintaux.	quintaux.	
1880..	1,338,826	6,830,318	5.1	"	76,004	76,004	1,081,059	41,257	1,122,316		1,046,312	5,784,006	
1881..	1,322,563	4,210,043	3.1	340,356	192,518	532,874	552,785	45,016	597,801		64,927	4,145,126	
1882..	1,245,451	6,389,853	5.3	194,830	304,870	499,700	750,617	56,648	807,265		307,565	6,282,268	
1883..	1,338,529	6,435,437	4.8	124,042	211,450	335,492	422,513	146,651	569,164		233,672	6,201,765	
1884..	1,375,096	8,482,609	6.2	25,009	221,679	246,688	503,863	151,639	655,502		408,814	8,073,795	
1885..	1,315,375	6,613,807	5.0	29,822	56,335	86,157	1,751,824	87,833	1,839,657		1,753,500	,4,860,307	
1886..	1,246,518	6,664,607	5.3	29,698	69,845	99,543	1,334,588	53,908	1,388,556		1,289,013	5,375,594	
1887..	1,235,577	5,773,832	4.7	83,486	40,061	123,547	1,160,770	36,938	1,197,708		1,074,161	4,699,671	
1888..	1,239,052	5,479,904	4.4	66,048	116,933	182,981	778,027	25,450	803,477		620,496	4,859,408	
1889..	1,113,329	5,247,052	4.7	183,197	146,105	329,302	1,030,047	18,021	1,048,068		718,766	4,528,286	
1890..	1,302,862	7,756,486	5.9	216,602	86,280	302,882	1,465,891	33,406	1,499,297		1,196,415	6,560,071	
1891..	1,253,135	7,126,138	5.7	120,875	64,452	185,327	909,518	41,993	951,511		766,184	6,359,954	
1892..	1,280,467	5,437,416	4.2	50,678	113,167	193,845	783,176	22,954	806,130		612,285	4,825,131	
1893..	1,312,903	5,517,725	4.2	148,787	231,167	379,954	383,640	13,531	397,171		27,217	5,400,508	
1894..	1,282,455	8,447,580	6.6	63,035	279,461	342,496	786,645	12,969	799,614		457,118	7,900,402	
1895..	1,320,723	7,071,021	5.4	10,742	103,596	114,338	1,130,537	143,545	1,274,082		1,159,744	5,911,277	
1896..	1,262,260	6,236,533	4.0	17,891	203,073	220,964	589,908	61,152	651,060		430,096	5,806,437	
1897..	1,263,852	5,413,387	4.3	9,278	174,354	183,632	454,323	35,287	489,610		305,978	5,107,409	
1898..	1,257,604	7,370,314	5.9	176,816	241,706	418,522	486,837	13,043	499,880		81,358	7,297,956	
1899..	1,303,582	6,064,073	4.6	9,243	171,049	180,292	854,572	53,882	908,154		728,162	5,335,911	
1900..	1,318,359	9,142,736	6.9	10,351	237,154	247,505	835,823	38,353	874,176		626,671	8,516,065	
1901..	1,308,286	8,775,489	6.7	782	122,133	122,915	1,542,638	100,927	1,643,565		1,320,650	7,254,630	
1902..	1,386,700	9,225,118	6.6	4,285	103,275	107,560	1,421,482	119,860	1,541,342		1,433,782	7,791,336	
1903..	1,417,598	9,273,279	6.5	16,020	89,720	135,740	724,658	139,697	864,355		728,615	8,544,664	
1904..	1,314,732	6,945,047	5.3	70,430	67,402	137,892	922,792	134,157	1,056,949		919,057	6,026,590	
1905..	1,374,020	6,961,554	5.0	41,680	75,084	116,764	555,029	127,239	682,268		565,504	6,396,050	
1906..	1,341,695	9,431,077	7.0	156,814	142,028	298,842	1,189,804	68,054	1,257,858		959,016	8,172,061	
1907..	1,318,221	8,507,801	6.4	29,028	64,290	93,318	2,014,743	144,367	2,159,110		2,065,792	6,442,009	
1908..	1,455,679	8,093,843	5.5	52,270	81,534	133,804	724,313	92,076	816,389		682,585	7,411,258	
1909..	1,386,270	9,722,150	7.0	34,392	134,484	168,876	1,215,604	58,384	1,273,988		1,105,112	8,617,038	
1910..	1,138,464	9,763,372	6.8	76,678	63,847	140,525	1,807,149	232,624	2,099,773		1,959,248	7,803,124	
1911..	1,337,411	9,959,934	7.4	87,492	39,271	126,763	1,740,336	253,639	1,993,975		1,867,212	8,092,722	5,231,000
1912..	1,462,714	7,395,010	5.1										

Superficie totale actuelle...................... 503,769 kilomètres carrés.

Densité de la population...................... 10.3 par kilomètre carré.

TUNISIE.

ANNÉES.	SUPER-FICIE CULTIVÉE.	PRODUC-TION.	RENDEMENT MOYEN à l'hectare.	IMPORTATIONS.			EXPORTATIONS.			EXCÉDENT		QUANTITÉ DISPONIBLE représentée par la production plus l'importation moins l'exportation.	POPU-LATION.
				BLÉ, en grains.	FARINE convertie, en grains.	TOTAL, en grains.	BLÉ, en grains.	FARINE convertie, en grains.	TOTAL, en grains.	des IMPORTA-TIONS.	des EXPORTA-TIONS.		
1	2	3	4	5	6	7	8	9	10	11	12	13	14
	hectares.	quintaux.	quintaux	quintaux.	quintaux.	quintaux.	quintaux.	quintaux.	quintaux.	quintaux.	quintaux.	quintaux.	
1880..													
1881..													
1882..													
1883..													
1884..													
1885..													
1886..													
1887..													
1888..													
1889..													
1890..													
1891..													
1892..													
1893..													
1894..													
1895..	348,502	1,239,609	4.98	72,925	440,881	513,806	660,958	1,162	662,120	»	148,314	1,591,186	
1896..	294,097	873,040	2.95	125,492	529,245	654,737	442,528	1,106	443,634	211,103	»	1,084,143	
1897..	321,607	837,191	2.60	151,211	540,105	691,316	439,478	319	439,797	251,519	»	1,088,719	
1898..	365,053	1,139,078	3.12	88,753	358,626	447,379	571,377	604	671,981	»	224,602	914,478	
1899..	376,668	1,029,532	2.73	99,791	450,568	550,359	353,851	1,486	355,337	195,022	»	1,224,552	
1900..	412,687	1,373,554	3.32	139,525	485,778	625,303	439,574	2,457	442,031	183,272	»	1,556,832	
1901..	401,000	1,248,438	3.15	142,100	507,778	649,870	294,911	1,566	296,477	353,393	»	1,601,833	
1902..	436,109	1,163,337	2.70	280,393	530,048	810,441	283,863	3,909	287,772	522,669	»	1,086,209	
1903..	462,050	1,120,752	2.58	387,178	528,090	915,268	777,925	98	778,023	137,245	»	2,257,995	
1904..	480,377	2,372,386	4.90	169,845	445,000	614,845	475,827	11,375	487,202	127,643	»	2,500,029	
1905..	369,793	1,107,000	3.00	235,142	407,166	642,308	63,958	8,703	72,661	569,647	»	1,076,647	
1906..	407,106	1,383,000	3.39	109,722	360,034	469,756	155,496	6,181	161,677	308,079	»	1,091,079	1,804,000
1907..	456,061	1,780,000	3.90	69,160	263,231	332,391	178,964	59,105	238,069	94,322	»	1,874,322	
1908..	439,108	1,000,000	2.30	256,486	414,526	671,012	45,588	6,317	51,905	619,107	»	1,619,107	
1909..	404,822	1,750,000	4.32	201,635	475,606	677,241	196,014	29,980	226,894	450,347	»	2,200,347	
1910..	492,966	1,100,000	2.23	104,540	350,359	454,899	89,242	23,000	112,242	342,657	»	1,342,657	
1911..	567,000	2,350,500	4.15	84,459	338,090	432,549	611,464	22,107	633,571	»	201,022	2,149,978	1,923,000
1912..	511,000	1,150,000	2.25										

Superficie totale........................ 120,000 kilomètres carrés.

Densité de la population................ 15 habitants par kilomètre carré.

Superficie cultivée en céréales............ 1,301,200 hectares.

ALLEMAGNE.

ANNÉES	SUPERFICIE CULTIVÉE	PRODUCTION	RENDEMENT MOYEN à l'hectare	IMPORTATIONS BLÉ en grains	IMPORTATIONS FARINE convertie en grains (1)	IMPORTATIONS TOTAL en grains	EXPORTATIONS BLÉ en grains	EXPORTATIONS FARINE convertie en grains (1)	EXPORTATIONS TOTAL en grains	EXCÉDENT des IMPORTATIONS	EXCÉDENT des EXPORTATIONS	QUANTITÉ DISPONIBLE représentée par la production plus l'importation moins l'exportation	POPULATION
	hectares.	quintaux.	quintaux.	quintaux.	quintaux.	quintaux.	quintaux.	quintaux.	quintaux.	quintaux.	quintaux.	quintaux.	
1	2	3	4	5	6	7	8	9	10	11	12	13	14
1880..	1,815,200	23,453,000	12.0	2,876,000	»	2,876,000	1,782,000	»	1,782,000	1,094,000		24,547,000	
1881..	1,817,400	20,591,000	11.3	3,619,000	»	3,619,000	534,000	»	534,000	3,085,000		23,670,000	
1882..	1,821,400	25,534,000	14.0	6,872,000	»	6,872,000	625,000	»	625,000	6,247,000		31,781,000	
1883..	1,920,900	23,509,000	12.2	6,419,000	»	6,419,000	808,000	»	808,000	5,611,000		29,120,000	45,234,000
1884..	1,919,000	24,789,000	12.9	7,545,000	»	7,545,000	362,000	»	362,000	7,183,000		31,972,000	
1885..	1,913,800	25,993,000	13.6	5,724,000	»	5,724,000	141,000	»	141,000	5,583,000		31,576,000	
1886..	1,916,600	26,664,000	13.9	2,733,000	»	2,733,000	83,000	»	83,000	2,650,000		29,314,000	
1887..	1,919,700	28,308,000	14.7	5,473,000	»	5,473,000	28,000	»	28,000	5,445,000		33,753,000	
1888..	1,933,300	25,308,000	13.1	3,398,000	»	3,398,000	11,000	»	11,000	3,387,000		28,095,000	
1889..	1,956,400	23,784,000	12.1	5,169,000	»	5,169,000	8,000	»	8,000	5,161,000		28,885,000	
1890..	1,960,200	28,309,000	14.4	6,726,000	»	6,726,000	2,000	»	2,000	6,724,000		35,033,000	
1891..	1,885,300	23,338,000	12.4	9,053,000	»	9,053,000	3,000	»	3,000	9,050,000		32,388,000	49,428,000
1892..	1,975,700	31,620,000	16.0	12,962,000	»	12,962,000	2,000	»	2,000	12,960,000		44,589,000	
1893..	2,044,100	29,948,000	14.7	7,035,000	»	7,035,000	3,000	»	3,000	7,032,000		36,080,000	
1894..	1,980,500	30,123,000	15.2	11,538,000	»	11,538,000	792,000	»	792,000	10,746,000		40,869,000	
1895..	1,930,800	28,076,000	14.5	13,382,000	»	13,382,000	699,000	»	699,000	12,683,000		40,759,000	
1896..	1,926,800	30,084,000	15.6	16,527,000	»	16,527,000	752,000	»	752,000	15,775,000		45,859,000	
1897..	1,920,700	29,133,000	15.2	11,795,000	520,600	12,315,600	1,714,000	520,550	2,234,550	10,081,050		39,214,050	
1898..	1,960,300	36,076,000	18.4	14,775,000	403,900	15,178,900	1,348,000	403,860	1,751,860	14,427,040		50,503,040	
1899..	2,016,500	38,474,000	19.1	13,709,000	601,000	14,310,000	1,974,000	601,060	2,675,060	11,634,940		50,108,940	55,248,000
1900..	2,049,200	38,412,000	18.7	12,938,600	481,000	13,419,600	2,951,000	457,600	3,408,500	10,011,100		48,423,000	56,367,000
1901..	1,581,420	24,988,510	15.8	21,342,000	549,500	21,891,500	928,000	413,400	1,342,000	20,549,500		45,538,010	56,874,000
1902..	1,912,215	39,003,960	20.4	20,745,300	451,000	21,196,000	822,000	289,300	1,111,000	20,085,000		59,088,960	57,767,000
1903..	1,807,475	35,550,640	19.7	19,291,000	457,000	19,748,000	1,803,000	375,550	2,179,000	17,569,000		53,119,640	58,629,000
1904..	1,917,513	38,048,280	19.8	20,211,300	361,500	20,573,000	1,596,000	2,235,800	3,832,000	16,741,000		54,789,280	59,475,000
1905..	1,927,127	36,998,820	19.2	22,875,900	305,500	23,181,400	1,647,000	1,259,500	2,906,000	20,275,000		57,273,820	60,641,000
1906..	1,935,993	39,395,630	20.3	20,080,800	307,500	20,388,300	2,004,000	842,600	2,847,000	17,541,000		56,936,630	61,142,000
1907..	1,746,787	34,793,240	19.9	24,548,500	281,000	24,829,500	1,958,000	254,300	2,212,500	22,617,000		57,410,240	61,983,000
1908..	1,884,600	37,677,670	20.0	20,905,500	242,500	21,148,000	2,611,000	2,163,000	4,774,000	16,374,000		54,051,670	62,832,000
1909..	1,831,383	37,557,470	20.5	24,331,000	179,500	24,510,500	2,098,000	2,356,700	4,454,500	20,056,000		57,613,470	63,695,000
1910..	1,942,916	38,014,790	19.9	23,437,500	200,500	23,638,000	2,814,000	2,714,500	5,528,400	18,110,000		56,724,790	64,925,000
1911..	1,974,197	40,663,350	20.6										
1912..													

Superficie totale actuelle................... 540,777 kilomètres carrés.
Densité de la population.................... 120 par kilomètre carré.

Superficie ....
- territoriale......... 54,064,785 hectares.
- productive.......... 51,153,756 hectares, soit 94.6 p. o/o.
- improductive........ 2,911,029 hectares, soit 5.4 p. o/o.
- des terres labourables.. 25,774,526 hectares, soit 48.6 p. o/o.
- des céréales .... 14,647,702 hectares, soit 56.8 p. o/o des terres labourables.

(1) Avant 1897, les statistiques ne font aucune distinction entre les diverses espèces de farine.

AUTRICHE-HONGRIE.

ANNÉES.	SUPERFICIE CULTIVÉE.	PRODUCTION.	RENDEMENT MOYEN à l'hectare.	IMPORTATIONS.			EXPORTATIONS.			EXCÉDENT		QUANTITÉ DISPONIBLE représentée par la production plus l'importation moins l'exportation.	POPULATION.
				BLÉ, en grains.	FARINE convertie, en grains.	TOTAL, en grains.	BLÉ, en grains.	FARINE convertie, en grains.	TOTAL, en grains.	des IMPORTATIONS.	des EXPORTATIONS.		
1	2	3	4	5	6	7	8	9	10	11	12	13	14
	hectares.	quintaux.	quintaux.	quintaux.	quintaux.	quintaux.	quintaux.	quintaux.	quintaux.	quintaux.	quintaux.	quintaux.	
1880..	3,505,000	35,205,600	10.04	3,246,000	»	3,246,000	2,016,000	»	2,016,000	1,230,000		36,435,600	
1881..	3,526,179	34,303,751	9.72	2,493,000	»	2,493,000	2,080,000	»	2,080,000	413,000		34,716,751	
1882..	3,509,519	46,499,556	13.24	2,296,000	»	2,296,000	4,335,000	»	4,335,000		2,039,000	44,460,556	
1883..	3,060,954	33,946,033	9.27	1,662,000	»	1,662,000	2,808,000	»	2,808,000		1,146,000	32,800,033	38,944,000
1884..	3,856,401	39,835,009	10.33	1,286,000	»	1,286,000	1,109,000	»	1,109,000	177,000		40,012,009	
1885..	4,096,000	45,507,500	11.11	1,381,283	»	1,381,283	1,575,262	»	1,575,262		193,874	45,313,621	
1886..	4,100,000	41,528,000	10.13	226,348	»	226,348	2,095,529	»	2,095,529		1,869,181	39,658,819	
1887..	4,108,000	55,616,000	13.53	78,618	»	78,618	2,335,025	»	2,335,025		2,256,407	53,359,593	
1888..	4,131,000	52,805,000	12.78	11,178	»	11,178	4,141,214	»	4,141,214		4,130,036	48,674,964	
1889..	4,185,000	37,205,000	8.89	17,993	»	17,993	2,559,318	»	2,559,318		2,541,325	34,663,675	
1890..	4,313,000	54,159,000	12.55	42,411	»	42,411	2,368,896	»	2,368,896		2,326,485	51,832,515	
1891..	4,321,000	50,786,000	11.75	95,187	»	95,187	1,548,092	»	1,548,092		1,452,905	49,333,095	42,927,000
1892..	4,397,000	54,564,000	12.40	131,539	»	131,539	750,565	»	750,565		619,026	53,944,974	
1893..	4,620,000	57,552,000	12.45	207,224	»	207,224	761,772	»	761,772		554,548	56,997,452	
1894..	4,571,000	[illegible]	[illegible]	118,100	»	278,160	646,238	»	646,238		368,078	54,540,922	
1895..	4,425,000	57,754,000	13.05	188,094	»	188,094	678,594	»	678,594		490,500	57,263,500	
1896..	4,422,000	55,241,000	12.49	132,805	»	132,805	561,902	»	561,902		429,097	54,811,903	
1897..	4,071,000	33,125,000	8.14	1,274,574	»	1,274,574	281,668	»	281,668	992,906		34,117,906	
1898..	4,358,000	50,746,000	11.64	2,025,570	»	2,025,570	29,003	»	29,003	1,996,567		52,742,567	
1899..	4,487,000	54,570,000	12.16	730,761	»	730,761	7,169	»	7,169	723,592		55,302,592	45,109,000
1900..	4,629,000	52,571,000	11.35	359,223	»	359,223	81,741	»	81,741	277,482		52,848,482	45,405,000
1901..	4,657,817	47,622,304	10.43	315,567	»	315,567	212,774	»	212,774	102,793		47,725,097	45,859,000
1902..	4,680,003	63,291,534	13.51	945,727	»	945,727	141,121	»	141,121	804,606		64,096,140	46,304,000
1903..	4,786,509	60,641,786	12.67	224,461	»	224,461	164,213	»	164,213	60,248		60,702,034	46,705,000
1904..	4,810,239	54,609,052	11.35	2,192,973	»	2,192,973	31,919	»	31,919	2,161,054		56,770,106	47,154,000
1905..	4,848,183	61,268,313	12.63	1,061,600	»	1,081,600	13,423	»	13,423	1,068,177		62,336,490	47,438,000
1906..	5,014,420	72,397,403	14.43	331,156	»	331,156	304,430	»	304,430	26,726		72,424,129	47,896,000
1907..	4,731,533	49,817,557	10.53	23,823	12,080	35,903	185,886	936,404	1,122,290		1,086,387	48,731,170	48,317,000
1908..	5,031,878	61,930,329	12.30	79,016	3,523	82,539	4,006	524,631	528,637		446,098	61,484,231	48,758,000
1909..	4,751,629	49,935,838	10.50	7,341,831	52,661	7,394,492	2,959	207,160	210,119	7,184,373		57,120,211	49,665,000
1910..	5,007,578	64,970,577	12.96	2,817,651	48,456	2,866,107	7,750	185,147	192,897	2,673,210		67,643,787	49,408,576
1911..	4,928,937	67,805,628	13.75										
1912..													

Superficie totale actuelle............... 675,887 kilomètres carrés.
Densité de la population................. 76 par kilomètre carré.

Superficie..........
- totale............... 62,606,493 hectares.
- productive.......... 59,457,127 hectares, soit 95.2 p. o/o.
- improductive........ 3,029,366 hectares, soit 4.8 p. o/o.
- des terres labourables.. 24,879,962 hectares, soit 39.24 p. o/o.
- des céréales........ 17,033,295 hectares, soit 68.46 p. o/o des terres labourables.

(1) Avant 1907, les différentes espèces de farine sont mélangées.

BELGIQUE.

ANNÉES.	SUPERFICIE CULTIVÉE. (hectares)	PRODUCTION. (quintaux)	RENDEMENT MOYEN à l'hectare. (quintaux)	IMPORTATIONS. BLÉ, en grains. (quintaux)	IMPORTATIONS. FARINE convertie, en grains. (quintaux)	IMPORTATIONS. TOTAL, en grains. (quintaux)	EXPORTATIONS. BLÉ, en grains. (quintaux)	EXPORTATIONS. FARINE convertie, en grains. (quintaux)	EXPORTATIONS. TOTAL, en grains. (quintaux)	EXCÉDENT des IMPORTATIONS. (quintaux)	EXCÉDENT des EXPORTATIONS. (quintaux)	QUANTITÉ DISPONIBLE représentée par la production plus l'importation moins l'exportation. (quintaux)	POPULATION.
1	2	3	4	5 (1)	6	7	8	9 (1)	10	11	12	13	14
1880..	275,750	5,005,406	18.14	6,338,685	»	6,338,685	2,344,004	»	2,344,004	3,994,681		9,000,087	
1881..		4,263,149	15.45	6,088,755	»	6,088,755	2,149,826	»	2,149,826	3,938,929		8,202,078	
1882..		4,395,000	17.77	7,110,441	»	7,110,441	2,995,260	»	2,995,260	4,115,181		8,510,181	5,520,000
1883..		4,575,000	17.69	6,788,232	»	6,788,232	2,247,102	»	2,247,102	4,541,130		9,116,130	
1884..		4,535,000	17.46	7,440,233	»	7,440,233	2,638,656	»	2,638,656	4,801,577		9,336,572	
1885..		4,720,000	18.45	6,725,215	586,278	7,311,493	1,527,891	936,688	2,464,579	4,846,914		9,566,914	
1886..	253,361	4,700,000	18.15	6,553,043	774,004	7,237,047	1,539,705	886,557	2,426,262	4,810,785		9,510,785	
1887..		4,682,000	19.81	7,454,250	926,352	8,380,602	1,630,952	1,057,085	2,688,037	5,692,565		10,374,565	
1888..		4,235,000	15.23	8,198,708	1,073,241	9,271,949	1,985,003	1,373,188	3,358,191	5,913,758		10,148,758	
1889..		5,380,000	19.27	7,665,870	1,155,450	8,821,320	1,571,987	1,256,115	3,128,102	3,693,218		11,073,218	
1890..		6,115,000	19.34	8,967,216	1,357,112	10,324,328	2,232,600	1,338,295	3,570,085	6,753,343		12,868,343	6,069,000
1891..		4,653,000	15.94	14,166,865	1,439,057	15,605,922	4,583,075	1,578,945	6,162,020	9,443,902		13,096,902	
1892..		5,529,000	20.84	10,320,581	1,220,140	11,540,721	3,757,448	1,338,518	5,095,966	6,444,755		11,773,753	
1893..		4,756,000	18.63	10,340,960	1,230,047	11,571,007	3,270,436	1,212,025	4,482,461	7,088,546		11,844,546	
1894..		4,842,000	19.27	12,135,526	1,401,819	13,537,345	3,257,916	1,314,360	4,572,276	8,965,069		13,807,069	
1895..	180,377	5,148,000	19.62	13,574,806	1,361,512	14,936,318	3,267,171	930,408	4,197,579	10,738,730		15,886,739	
1896..		5,193,000	20.95	13,223,517	399,281	13,622,798	2,850,420	200,548	3,050,968	10,571,830		15,764,830	
1897..		3,289,060	18.24	10,983,020	88,841	11,071,861	2,862,250	283,214	3,095,444	7,976,417		11,265, 17	
1898..		3,867,000	21.04	12,771,620	128,266	12,899,886	3,510,610	482,008	3,992,618	8,907,268		12,774,268	
1899..		2,977,000	18.24	13,699,250	343,200	14,042,450	3,610,230	283,800	2,894,090	11,148,360		14,125,360	6,745,000
1900..	168,957	3,752,000	22.21	11,070,533	330,110	11,400,640	2,404,070	244,814	2,648,882	8,751,761		12,504,150	6,694,000
1901..	165,781	3,849,052	23.20	14,950,814	295,807	15,246,621	3,583,670	255,323	3,848,994	11,397,627		15,246,731	6,800,000
1902..	168,227	3,952,990	23.50	15,529,776	125,763	15,655,539	3,393,060	401,683	3,794,747	11,860,792		15,813,772	6,896,000
1903..	143,830	3,361,067	23.40	16,192,059	84,467	16,277,126	3,198,160	454,847	3,653,002	12,624,124		15,985,258	6,985,000
1904..	159,118	3,760,532	23.60	17,401,732	51,723	17,453,455	3,046,900	963,527	4,010,383	13,443,072		17,203,736	7,075,000
1905..	162,892	3,374,980	20.70	17,632,952	52,730	17,685,682	3,985,000	1,088,461	5,072,669	12,013,013		15,987,973	7,101,000
1906..	150,073	3,528,088	23.50	18,487,024	16,757	18,503,781	4,169,000	297,563	4,466,179	14,057,602		17,585,778	7,239,000
1907..	158,845	4,309,500	27.10	18,389,240	61,900	18,451,140	4,859,920	561,751	5,421,670	13,029,476		17,330,476	7,318,000
1908..	152,803	3,644,904	23.90	18,255,694	40,306	18,296,000	6,580,513	672,700	7,253,213	11,042,787		14,687,595	7,386,000
1909..	157,765	3,974,430	25.20	19,301,908	29,480	19,331,388	6,217,439	741,496	6,958,935	12,372,453		16,347,313	7,452,000
1910..	154,000	3,388,000	22.00	20,476,877	37,300	20,514,177	6,232,470	912,161	7,144,631	13,369,546		16,757,546	7,517,000
1911..	153,000	3,978,000	26.00										
1912 .	166,500	4,162,500	25.00										

Superficie totale actuelle.................. 29,456 kilomètres carrés.

Densité de la population.................. 252 par kilomètre carré.

Superficie ....
- totale............. 2,945,557 hectares.
- productive......... 2,607,514 hectares, soit 88.5 p. o/o.
- improductive....... 338,043 hectares, soit 11.5 p. o/o.
- des terres labourables.. 1,149,539 hectares, soit 39:02 p. o/o.
- des céréales......... 809,691 hectares, soit 69.89 p. o/o des terres labourables.

(1) Avant 1885, les statistiques comprennent, sous la même rubrique, farines, sons, fécules et moutures de toute espèce.

BULGARIE.

ANNÉES.	SUPERFICIE CULTIVÉE.	PRODUCTION.	RENDEMENT MOYEN à l'hectare.	IMPORTATIONS BLÉ, en grains.	IMPORTATIONS FARINE convertie, en grains.	IMPORTATIONS TOTAL, en grains.	EXPORTATIONS BLÉ, en grains.	EXPORTATIONS FARINE convertie, en grains.	EXPORTATIONS TOTAL, en grains.	EXCÉDENT des IMPORTATIONS.	EXCÉDENT des EXPORTATIONS.	QUANTITÉ DISPONIBLE représentée par la production plus l'importation moins l'exportation	POPULATION.
1	2	3	4	5	6	7	8	9	10	11	12	13	14
	hectares.	quintaux.	quintaux	quintaux.	quintaux.	quintaux.	quintaux.	quintaux.	quintaux.	quintaux.	quintaux.	quintaux.	
1880..													
1881..													
1882..				360			739,800						
1883..				110			1,111,780						
1884..				770			767,350						
1885..		7,500,000		1,847	4,800	9,647	1,335,822	10,890	1,346,712		1,337,065	6,162,935	2,008,000
1886..		7,200,000		686	7,137	7,823	1,772,557	41,631	1,814,188		1,806,365	5,393,635	
1887..		6,950,000		746	3,528	4,274	1,235,050	77,200	1,312,350		1,309,076	5,640,924	
1888..		8,225,000		4,989	1,968	6,957	2,618,500	62,628	2,681,128		2,674,171	5,550,829	
1889..		6,800,000		471	1,957	2,428	3,751,880	54,857	3,806,737		3,804,314	2,905,686	
1890..		6,735,000		1,854	2,415	4,269	3,030,430	29,085	3,059,515		3,055,246	3,079,754	
1891..		10,456,000			1,942	1,942	3,135,330	36,900	3,172,230		3,170,288	7,285,712	3,154,000
1892..		11,015,000		427	1,661	2,088	3,488,299	69,337	3,547,636		3,545,548	7,469,462	
1893..		9,990,000		129	2,045	2,174	3,495,873	47,400	3,543,273		3,541,099	6,457,901	
1894..		7,070,000		141	1,919	2,060	2,814,179	63,922	2,878,101		2,875,445	4,196,555	
1895..		8,704,000		328	2,058	2,386	3,858,960	102,300	3,961,260		3,938,574	4,745,126	
1896..		10,880,000		98	1,820	1,918	2,226,902	101,460	2,328,362		2,326,444	8,553,556	
1897..		7,875,000		550	5,047	5,597	919,912	50,536	970,448		964,851	6,910,149	
1898..	782,491	9,251,000	11.82	318	1,754	2,072	184,206	102,136	286,432		254,360	8,906,640	
1899..	825,686	5,887,000	7.13	1,020	1,056	2,076	112,367	93,371	206,038		203,962	5,683,038	8,687,000
1900..	820,000	10,875,000	13.26	8,351	873	9,224	1,274,785	128,707	1,303,492		1,294,268	9,580,732	3,744,000
1901..	815,000	8,700,000	10.67	702	730	1,432	1,334,012	185,740	1,519,752		1,518,320	7,181,680	3,801,000
1902..	810,000	10,875,000	13.42	2,438	361	2,799	2,347,207	196,475	2,543,682		2,540,883	8,334,117	3,858,000
1903..	807,489	9,675,403	12.00	1,811	470	2,281	3,329,771	268,377	3,598,148		3,595,867	6,079,538	3,916,000
1904..	915,473	11,496,405	12.60	1,941	308	2,249	5,236,530	295,054	5,531,584		5,329,335	5,967,070	3,976,000
1905..	979,570	9,511,638	9.70	2,066	684	2,750	4,504,987	272,537	4,777,524		4,774,774	4,736,864	4,038,000
1906..	1,000,628	10,643,719	10.50	6,714	556	7,270	2,707,839	335,197	3,043,036		3,035,766	7,607,953	4,097,000
1907..	977,100	6,407,956	6.60	26,105	600	26,705	2,411,557	373,156	2,784,713		2,758,000	3,649,956	4,158,000
1908..	980,442	9,932,513	10.10	13,776	76	13,852	2,127,808	364,603	2,492,411		2,478,559	7,453,954	4,221,000
1909..	1,040,140	8,728,359	8.40	30,939	153	31,092	1,609,386	442,740	2,052,126		2,021,034	6,707,325	4,285,000
1910..	1,088,696	11,497,982	10.60	9,144	100	9,744	2,364,530	738,367	3,102,897		3,093,153	8,404,829	4,329,000
1911..	1,118,409	10,596,528	17.5										
1912..	1,120,500	17,350,000	15.5										

Superficie totale actuelle.................... 96,346 kilomètres carrés.
Densité de la population.................... 45 par kilomètre carré.

Superficie
- totale............. 9,634,550 hectares.
- productive......... 7,119,351 hectares, soit 73.9 p. o/o.
- improductive....... 2,515,198 hectares, soit 26.1 p. o/o.
- des terres labourables.. 3,829,755 hectares, soit 39.75 p. o/o.
- des céréales........ 2,506,134 hectares, soit 65.44 p. o/o des terres labourables.

DANEMARK.

ANNÉES.	SUPERFICIE CULTIVÉE.	PRODUCTION.	RENDEMENT MOYEN à l'hectare.	IMPORTATIONS.			EXPORTATIONS.			EXCÉDENT		QUANTITÉ DISPONIBLE représentée par la production plus l'importation moins l'exportation.	POPULATION.
				BLÉ, en grains.	FARINE convertie en grains.	TOTAL, en grains.	BLÉ, en grains.	FARINE convertie en grains.	TOTAL, en grains.	des IMPORTATIONS.	des EXPORTATIONS.		
1	2	3	4	5	6	7	8	9	10	11	12	13	14
	hectares.	quintaux.	quintaux.	quintaux.	quintaux.	quintaux.	quintaux.	quintaux.	quintaux.	quintaux.	quintaux.	quintaux	
1880..	57,031	1,388,600	24.3	294,020	5,766	299,786	348,509	767,412	1,115,921		816,135	572,465	
1881..	55,828	755,300	13.5	560,729	9,577	570,306	198,320	592,004	791,323		221,017	531,283	
1882..	54,778	1,217,100	22.2	624,493	19,308	643,801	199,612	587,778	777,390		133,589	1,083,511	1,969,000
1883..	53,728	1,227,100	22.8	730,786	9,576	740,362	148,749	600,534	749,283		8,921	1,218,179	
1884..	52,677	1,278,600	24.3	671,967	5,222	677,189	170,598	561,336	731,934		54,745	1,223,855	
1885..	51,627	1,395,100	27.0	587,067	34,690	621,757	251,172	576,718	827,890		206,133	1,188,967	
1886..	50,577	1,285,700	25.4	456,027	39,962	495,989	299,052	529,110	828,162		332,173	953,527	
1887..	49,527	1,457,400	29.4	522,432	39,390	561,822	176,822	467,742	644,564		64,742	1,302,638	
1888..	48,478	895,200	18.4	511,527	35,051	546,578	177,669	401,321	578,990		32,412	802,788	
1889..	46,711	1,142,200	24.3	671,211	39,048	710,259	177,968	298,351	476,319	233,940		1,376,140	
1890..	44,957	1,027,700	22.1	410,489	42,727	453,216	304,460	253,541	558,001		104,785	922,915	2,172,000
1891..	43,182	1,136,100	26.3	733,694	87,087	820,781	250,979	246,912	497,891	322,890		1,158,900	
1892..	41,418	1,150,600	27.8	428,192	109,252	537,444	393,820	211,588	605,408		67,964	1,082,636	
1893..	39,654	1,050,400	26.4	666,108	128,568	794,676	265,624	149,167	414,791	379,885		1,430,285	
1894..	27,890	888,300	31.9	876,919	147,568	1,024,487	215,543	103,839	319,382	705,105		1,593,405	
1895..	36,125	944,000	26.1	709,631	208,860	918,491	96,680	61,261	157,941	760,550		1,704,550	
1896..	34,361	1,044,400	29.2	627,783	204,075	831,858	145,210	70,702	215,912	615,946		1,660,346	
1897..	35,606	951,457	26.7	596,095	201,744	797,839	184,264	94,716	278,980	518,859		1,170,316	
1898..	36,913	847,534	22.9	612,400	200,100	812,500	121,600	55,725	177,325	635,175		1,182,709	
1899..	38,219	1,071,097	28.0	692,400	327,050	1,019,450	65,600	36,600	102,200	917,250		1,988,347	2,403,000
1900..	39,643	1,092,488	28.0	592,650	202,143	794,793	142,800	32,714	175,514	619,279		1,727,500	2,432,000
1901..	13,048	266,585	20.4	877,050	397,572	1,274,622	37,800	31,214	69,014	1,205,608		1,472,103	2,449,000
1902..	40,927	1,233,830	30.1	880,000	433,714	1,313,714	27,800	26,428	54,228	1,259,486		2,493,116	2,491,000
1903..	40,898	1,214,472	29.7	124,500	502,572	627,072	104,900	39,571	144,471	482,601		1,697,073	2,519,000
1904..	40,871	1,165,864	28.5	1,021,250	426,643	1,447,893	57,250	33,500	90,750	1,357,143		2,523,007	2,546,000
1905..	40,842	1,107,496	27.1	2,268,900	835,572	3,104,472	66,310	29,160	95,470	3,009,002		4,116,498	2,574,000
1906..	40,815	1,133,127	27.8	1,535,100	976,148	2,511,243	56,100	22,680	78,780	2,432,463		3,565,590	2,588,000
1907..	40,512	1,182,552	29.2	978,050	560,714	1,538,764	91,970	25,854	117,824	1,420,940		2,603,492	2,635,000
1908..	40,512	1,175,702	29.0	951,690	655,186	1,606,876	116,600	29,386	145,986	1,392,778		2,508,480	2,668,000*
1909..	40,512	1,042,690	25.7	768,535	697,561	1,466,096	58,065	15,744	73,809	1,392,287		2,434,977	2,702,000
1910..	40,512	1,238,187	30.6	768,535	698,258	1,466,793	218,670	16,960	235,630	1,231,163		2,469,350	2,737,000
1911..	40,512	1,216,157	30.0	832,789	761,752	1,594,541	131,517	16,605	148,122	1,446,410		2,602,576	
1912..	40,512	1,057,363	26.1										

Superficie totale actuelle.................. 38,985 kilomètres carrés.
Densité de la population.................. 71 par kilomètres carrés.

Superficie..........
totale.............. 3,896,870 hectares.
productive.......... 3,739,166 hectares, soit 96 p. o/o.
improductive........ 757,704 hectares, soit 4 p. o/o.
des terres labourables. 2,580,172 hectares, soit 66.21 p. o/o.
des céréales......... 1,128,781 hectares, soit 43.74 p. o/o des terres labourables.

ESPAGNE.

ANNÉES.	SUPERFICIE CULTIVÉE. (hectares)	PRODUCTION. (quintaux)	RENDEMENT MOYEN à l'hectare. (quintaux)	IMPORTATIONS. BLÉ, en grains. (quintaux)	IMPORTATIONS. FARINE convertie en grains. (quintaux)	IMPORTATIONS. TOTAL, en grains. (quintaux)	EXPORTATIONS. BLÉ, en grains. (quintaux)	EXPORTATIONS. FARINE convertie en grains. (quintaux)	EXPORTATIONS. TOTAL, en grains. (quintaux)	EXCÉDENT des IMPORTATIONS. (quintaux)	EXCÉDENT des EXPORTATIONS. (quintaux)	QUANTITÉ DISPONIBLE représentée par la production plus l'importation moins l'exportation. (quintaux)	POPULATION.
1	2	3	4	5	6	7	8	9	10	11	12	13	14
1880..	--	20,000,000		299,110	47,405	346,515	9,976	532,800	542,776		196,261	19,803,739	
1881..	—	20,000,000		199,770	20,144	219,914	10,021	540,280	556,300		336,386	19,663,614	
1882..	—	20,000,000		2,757,240	249,996	3,007,236	30,573	406,400	436,973	2,570,263		22,570,263	
1883..	—	20,000,000		2,384,680	307,129	2,691,809	18,038	339,350	357,388	2,334,421		22,334,421	10,634,000
1884..	—	20,000,000		986,620	75,222	1,061,842	4,810	367,920	372,730	680,112		20,689,112	
1885..	—	20,000,000		1,120,887	111,771	1,232,658	2,238	300,748	308,986	923,672		20,623,672	
1886..	—	20,200,000		1,498,518	162,087	1,660,605	5,994	441,372	447,366	1,213,239		21,413,239	
1887..	—	19,700,000		3,140,906	344,777	3,485,683	7,526	217,570	225,096	3,260,587		22,960,587	
1888..	—	18,705,000		2,432,740	508,878	2,941,618	2,033	255,557	257,590	2,684,028		21,389,028	
1889..	--	29,565,320		1,453,123	437,911	1,891,034	1,624	334,231	335,855	1,555,179		31,120,499	
1890..	—	21,414,120		1,013,878	964,081	1,977,959	6,992	453,477	460,469	1,517,490		22,931,610	
1891..	—	20,228,520		1,551,024	60,045	1,611,069	5,673	525,180	530,853	1,080,216		21,308,736	17,566,000
1892..	.—	23,529,800		1,388,026	72,214	1,460,240	209	25,498	25,707	1,434,533		24,764,333	
1893..	—	27,009,060		4,186,067	102,428	4,289,095	296	13,024	13,320	4,275,775		31,284,835	
1894..	--	29,841,970		4,258,534	107,422	4,365,956	3,187	188,374	191,181	4,174,775		34,016,850	
1895..	—	22,332,670		2,026,754	27,178	2,053,932	1,140	528,642	529,782	1,524,150		23,856,820	
1896..	—	19,761,250		1,877,596	4,664	1,882,260	810	826,130	596,562	1,285,698		21,046,948	
1897..	3,857,731	25,288,000	6.6	1,417,290	2,200	1,419,490	696	709,155	709,851	709,639		25,997,639	
1898..	3,861,977	34,047,000	8.8	594,760	40,065	634,825	26,652	228,231	254,883	379,940		34,426,940	
1899..	3,663,428	26,592,000	7.3	3,735,690	316,890	4,052,080	678	23,010	23,688	4,028,392		30,620,392	18,484,000
1900..	3,868,676	27,406,791	7.1	2,226,251	90,878	2,317,129	598	34,300	34,898	2,282,231		29,689,022	18,608,000
1901..	3,711,987	37,259,436	10.0	1,435,120	43,093	1,478,213	176	91,170	91,346	1,386,867		38,646,323	18,657,000
1902..	3,692,924	36,339,015	9.8	695,791	18,007	713,708	86	5,113	5,199	708,599		35,630,416	18,755,000
1903..	3,635,506	35,102,434	9.7	907,973	7,623	915,596	109	4,010	4,219	911,377		36,013,811	18,853,000
1904..	3,651,507	25,957,347	7.1	2,229,587	17,393	2,246,980	1,576	10,557	12,133	2,234,847		28,182,194	18,951,000
1905..	3,598,307	25,175,508	7.0	8,849,860	669,496	9,519,356	2	14,785	14,787	9,504,569		34,680,072	19,049,000
1906..	3,762,898	38,280,377	10.2	5,256,135	205,451	5,461,586	141	7,250	7,391	5,454,295		43,734,672	19,147,000
1907..	3,697,925	27,305,739	7.4	1,167,730	883	1,168,613	88	8,221	8,309	1,160,304		28,466,043	19,245,000
1908..	3,756,721	32,050,384	8.7	789,860	220	790,080	52	5,271	5,323	784,757		33,135,141	19,343,000
1909..	3,782,695	39,218,885	10.4	960,683	800	961,483	2,595	11,116	13,711	947,772		40,166,657	19,442,000
1910..	3,809,464	37,407,517	9.8	1,614,765	1,100	1,615,865	413	10,863	11,276	1,604,589		39,012,106	19,688,000
1911..	3,927,892	40,414,186	10.3										
1912..	3,851,472	30,594,820	7.9										

Superficie totale actuelle .... 497,225 kilomètres carrés.
Densité de la population .... 38 par kilomètre carré.

Superficie .... {
totale .... 50,461,688 hectares.
productive .... 45,595,000 hectares, soit 90.4 p. o/o.
improductive .... 4,856,688 hectares, soit 9.6 p. o/o.
des terres labourables. 16,864,000 hectares, soit 33.42 p. o/o.
des céréales .... 16,000,000 hectares, soit 94.9 p. o/o des terres labourables.

ROYAUME UNI DE GRANDE-BRETAGNE ET D'IRLANDE.

ANNÉES.	SUPERFICIE CULTIVÉE.	PRODUCTION.	RENDEMENT MOYEN à l'hectare.	IMPORTATIONS. BLÉ, en grains.	IMPORTATIONS. FARINE convertie, en grains.	IMPORTATIONS. TOTAL, en grains.	EXPORTATIONS. BLÉ, en grains.	EXPORTATIONS. FARINE convertie, en grains.	EXPORTATIONS. TOTAL, en grains.	EXC[illegible] des IMPORTATIONS.	EXC[illegible] des EXPORTATIONS.	QUANTITÉ DISPONIBLE représentée par la production plus l'importation moins l'exportation.	POPULATION.
1	2	3	4	5	6	7	8	9	10	11	12	13	14
	hectares.	quintaux.	quintaux	quintaux.	quintaux.	quintaux.	quintaux.	quintaux.	quintaux.	quintaux.	quintaux.	quintaux.	
1840..				3,585,000	1,171,000	4,756,000							
1841..				5,241,000	961,000	6,202,000							
1842..				5,760,000	864,000	6,624,000							
1843..				2,044,000	333,000	2,377,000							
1844..				2,391,000	747,000	3,138,000							
1845..				1,960,000	720,000	2,680,000							
1846..				3,116,000	2,430,000	5,546,000							
1847..				5,778,000	4,822,000	10,600,000	273,950	150,910	424,860	10,175,140			
1848..				5,613,000	1,348,000	6,961,000	12,510	12,840	25,350	6,935,650			
1849..				8,289,000	2,553,000	10,842,000	805	14,120	14,925	10,827,075			
1850..				8,132,000	2,710,000	10,842,000	9,930	18,480	28,410	10,813,590			
1851..				8,291,000	3,150,000	11,441,000	80,900	54,120	141,020	11,299,980			
1852..	1,642,163	25,648,542	15.61	6,656,000	2,995,000	9,651,000	33,790	49,280	83,070	9,567,930		35,216,472	
1853..	1,624,049	23,183,646	14.27	10,691,000	3,450,000	14,141,000	198,890	87,760	286,650	13,854,350		37,037,996	
1854..	1,633,358	38,815,154	23.76	7,463,000	2,778,000	10,241,000	184,900	44,350	229,250	10,011,750		49,426,904	
1855..	1,649,330	30,884,895	18.72	5,794,000	1,450,000	7,244,000	70,920	86,390	157,310	7,086,690		37,971,585	
1856..	1,704,843	31,494,934	18.47	9,308,000	3,024,000	12,332,000	196,300	69,900	266,200	12,065,710		43,560,644	
1857..	1,693,645	38,256,768	22.59	7,477,000	1,659,000	9,136,000	145,780	59,980	205,760	8,930,240		47,187,008	
1858..	1,671,735	35,936,935	21.49	9,190,000	2,732,000	11,922,000	24,310	6,540	30,850	11,891,150		47,828,085	
1859..	1,626,381	28,952,873	17.80	8,664,000	2,892,000	11,556,000	90,540	14,900	105,440	11,450,560		40,403,433	
1860..	1,615,429	24,417,094	15.18	12,742,000	2,496,000	15,238,000	16,340	11,562	27,902	15,210,098		39,627,192	28,974,000
1861..	1,577,202	27,150,315	17.21	14,983,000	3,814,000	18,797,000	768,400	75,790	844,190	17,952,810		45,103,125	
1862..	1,547,109	30,920,627	19.98	20,517,000	4,614,000	25,131,000	24,480	10,280	36,760	25,094,240		56,014,867	
1863..	1,496,465	39,583,191	26.45	12,182,000	5,405,000	17,587,000	84,980	10,460	95,440	16,991,560		56,574,751	
1864..	1,491,150	35,930,598	24.10	11,598,000	3,384,000	14,982,000	28,140	12,080	40,220	14,941,780		50,878,378	
1865..	1,475,451	30,850,185	20.91	10,500,000	2,928,000	13,428,000	26,660	11,400	38,060	13,389,940		44,240,125	
1866..	1,476,622	25,294,902	17.13	11,578,000	3,729,000	15,307,000	117,350	9,232	125,582	15,181,418		40,476,320	
1867..	1,468,610	21,082,969	14.35	17,323,000	2,694,000	20,017,000	172,400	11,168	183,868	19,833,132		40,916,101	
1868..	1,593,685	37,053,990	23.25	16,318,000	2,319,000	18,637,000	89,740	18,300	108,040	18,528,960		55,582,950	
1869..	1,606,049	29,719,710	18.50	18,850,000	4,051,000	22,901,000	30,760	10,950	41,710	22,859,290		52,579,000	
1870..	1,521,886	31,182,103	20.48	15,500,000	3,602,000	19,102,000	469,500	139,780	609,280	18,492,720		49,674,823	31,629,000
1871..	1,545,106	25,300,346	16.37	19,094,000	2,983,000	22,077,000	1,167,300	477,500	1,644,800	21,032,200		46,332,546	
1872..	1,548,463	25,355,320	16.37	21,064,000	3,291,000	24,355,060	271,100	27,540	298,640	24,056,360		49,411,680	
1873..	1,480,357	22,748,408	15.37	21,932,000	4,660,000	26,592,000	573,100	33,580	606,680	25,985,320		47,943,098	
1874..	1,545,172	30,902,094	20.01	20,763,000	4,676,000	25,439,000	175,120	69,190	244,310	25,194,690		56,096,784	
1875..	1,417,638	22,141,103	15.62	25,938,000	4,580,000	30,518,000	49,300	19,990	69,290	30,448,710		52,589,873	
1876..	1,260,553	21,480,852	17.04	22,227,000	4,470,000	26,697,000	234,200	19,830	254,030	26,442,970		47,923,822	
1877..	1,339,078	24,304,408	15.89	27,135,000	5,532,000	32,667,000	105,660	21,070	126,720	32,540,280		56,844,688	
1878..	1,364,484	27,958,433	20.49	24,953,000	5,871,000	30,824,000	356,300	28,630	384,930	30,439,070		58,397,503	
1879..	1,233,120	13,046,970	10.58	29,796,000	8,046,000	37,842,000	353,900	48,500	402,400	37,439,600		50,486,570	
1880..	1,237,297	20,673,754	16.71	27,677,000	6,704,900	34,381,900	343,200	77,790	420,990	33,960,910		54,634,664	35,026,000
1881..	1,197,138	19,610,807	16.38	28,620,000	7,211,500	35,831,500	238,090	72,590	310,680	35,520,820		55,131,627	
1882..	1,277,193	22,316,417	17.47	32,173,000	8,396,550	40,569,000	105,020	70,960	175,980	40,393,020		62,709,437	
1883..	1,095,642	20,976,585	19.15	32,160,900	10,635,000	42,795,000	19,680	64,920	84,600	42,710,400		63,686,985	
1884..	1,110,785	23,267,400	20.94	23,693,000	9,959,000	33,652,000	23,340	85,080	108,420	33,543,580		56,810,980	
1885..	1,031,506	22,581,000	21.91	30,000,000	10,634,200	40,634,200	27,300	83,600	110,900	40,523,300		63,104,300	
1886..	953,048	17,963,400	18.95	23,694,000	9,950,000	33,644,000	59,900	90,900	150,800	33,493,200		51,456,600	
1887..	964,944	21,613,800	22.42	27,681,000	18,400,000	46,081,000	32,000	119,400	151,400	45,929,000		67,543,400	
1888..	1,077,796	21,122,400	19.59	8,619,000	11,767,800	40,386,800	32,200	142,500	174,700	40,212,100		61,334,500	
1889..	1,027,437	21,512,400	20.94	29,326,800	10,634,030	39,960,800	60,900	164,900	225,800	39,735,000		61,247,400	
1890..	1,003,022	21,543,000	21.47	29,992,000	11,087,000	41,079,000	72,100	168,500	240,600	40,838,600		62,382,200	37,880,000
1891..	966,255	21,192,600	21.93	33,211,000	11,768,300	44,979,300	79,900	164,000	243,900	44,735,400		65,928,000	
1892..	928,663	17,230,200	18.56	32,166,000	15,596,900	47,762,900	45,200	167,600	212,800	47,550,100		64,780,300	
1893..	789,910	14,437,800	18 29	32,786,800	14,399,000	47,185,000	22,100	182,800	204,900	46,980,100		61,417,900	
1894..	800,010	17,214,600	21.51	35,057,000	13,292,500	48,347,500	7,800	206,100	213,900	48,133,600		65,348,200	
1895..	588,242	10,857,600	17.34	40,935,300	12,959,900	53,895,200	8,000	220,900	229,800	53,665,400		64,523,000	
1896..	700,024	16,512,600	23.66	35,056,200	15,100,200	50,156,400	11,200	227,900	239,100	49,917,400		66,429,900	
1897..	783,481	15,958,800	16.23	31,425,600	13,180,000	44,605,600	55,100	300,800	355,900	44,249,700		60,208,500	40,774,000
1898..	871,094	21,230,000	24.29	32,784,600	14,829,250	47,613,850	112,900	305,100	418,000	47,195,850		68,425,850	
1899..	830,337	19,068,400	22.96	33,213,500	16,239,500	49,453,000	32,900	431,100	464,000	48,989,000		68,057,400	
1900..	768,470	14,784,057	19.24	34,755,512	15,346,730	50,115,242	19,821	522,690	542,511	49,572,731		64,356,788	41,155,000
1901..	705,700	14,676,728	20.80	35,258,034	16,154,580	51,412,614	26,208	611,401	637,609	50,775,005		65,451,733	41,458,000
1902..	716,562	15,860,798	22.13	41,066,214	14,022,330	55,088,544	14,585	523,113	537,698	54,550,846		70,411,644	41,891,000
1903..	655,231	13,286,301	20 28	44,687,588	14,928,024	59,615,612	15,758	446,466	462,224	59,153,388		72,439,689	42,243,000
1904..	569,013	10,320,078	18.14	49,525,662	10,648,084	60,173,746	22,729	476,850	499,579	59,674,167		69,994,245	42,606,000
1905..	742,491	16,419,864	22.11	49,592,358	8,675,741	58,268,099	23,591	766,713	790,304	57,477,795		73,897,659	42,974,000
1906..	728,253	16,497,042	22.66	47,028,616	10,191,552	57,220,168	25,623	761,450	787,073	56,433,095		72,930,737	43,353,000
1907..	673,250	15,385,275	22.85	49,107,802	9,608,217	58,716,019	131,844	879,304	1,011,148	57,704,871		73,090,146	43,728,000
1908..	673,182	15,117,506	22.46	45,891,190	9,344,751	55,235,941	157,709	1,255,174	1,412,883	53,823,058		68,940,564	44,113,000
1909..	755,614	17,485,982	23.14	49,589,808	7,978,323	57,568,131	119,550	990,817	1,110,367	56,457,764		73,913,746	44,507,000
1910..	751,133	15,839,127	21.08	53,330,526	7,139,931	60,461,457	325,770	917,508	1,243,278	59,218,179		75,057,306	44,902,000
1911..	763,869	26,056,450	22.2										
1912..	772,206	25,234,790	22.3										

Superficie totale actuelle.................... 314,136 kilomètres carrés.
Densité de la population.................... 144 par kilomètre carré.

Superficie..........	totale..............	31,222,920 hectares.
	productive..........	26,927,308 hectares, soit 86.2 p. o/o.
	improductive........	4,295,612 hectares, soit 13.8 p. o/o.
	des terres labourables..	7,212,840 hectares, soit 22.59 p. o/o.
	des céréales.........	3,200,924 hectares, soit 44.4 p. o/o des terres labourables.

GRÈCE.

ANNÉES.	SUPER-FICIE CULTIVÉE.	PRODUCTION.	RENDEMENT MOYEN à l'hectare.	IMPORTATIONS.			EXPORTATIONS.			EXCÉDENT		QUANTITÉ DISPONIBLE représentée par la production plus l'importation moins l'exportation.	POPU-LATION.
				BLÉ, en grains.	FARINE convertie, en grains.	TOTAL, en grains.	BLÉ, en grains.	FARINE convertie, en grains.	TOTAL, en grains.	des IMPORTA-TIONS.	des EXPORTA-TIONS.		
1	2	3	4	5	6	7	8	9	10	11	12	13	14
	hectares.	quintaux.	quint².	quintaux.	quintaux.	quintaux.	quintaux.	quintaux.	quintaux.	quintaux.	quintaux.	quintaux.	
1880..													
1881..													
1882..													
1883..													
1884..													
1885..													
1886..													
1887..													
1888..		1,360,000											
1889..		1,458,000		(1) 2,701,092	28,602	2,729,694	361	» (2)	361	2,729,333		4,187,333	
1890..		1,875,000		2,192,629	24,754	2,217,383	7,689	»	7,689	2,209,694		4,084,694	
1891..		1,497,000		2,565,732	38,624	2,604,356	279,820	»	279,820	2,324,536		3,821,536	
1892..		1,066,000		7,768,406	16,658	7,784,064	135,014	»	135,014	7,649,050		5,715,050	
1893..		1,904,000		1,050,117	15,354	1,065,471	5,539	»	5,539	1,059,932		2,903,932	2,187,000
1894..		1,262,000		1,355,683	16,500	1,300,000	8,111	»	2,010	1,381,028		2,649,028	
1895..		1,088,000		1,307,427	7,626	1,375,053	1,906	»	1,906	1,373,147		2,461,147	
1896..		1,300,000		1,333,610	11,909	1,345,519	770	»	770	1,344,749		2,650,749	
1897..		637,000		1,384,280	17,877	1,402,157	170	»	170	1,401,987		2,038,987	
1898..		900,000		1,483,530	13,336	1,496,866	6,500	»	6,500	1,490,366		2,390,366	
1899..		1,631,000		1,669,880	14,389	1,684,269	230	»	230	1,684,039		3,315,039	
1900..		1,631,000		1,683,340	19,441	1,702,781	10,650	»	10,650	1,692,131		3,323,131	2,487,000
1901..		1,413,000		1,738,760	29,344	1,768,104	1,640	»	1,640	1,766,464		3,179,462	2,504,000
1902..		1,631,000		1,707,870	34,146	1,742,016	1,160	»	1,160	1,740,856		3,371,856	2,522,000
1903.		1,500,000		1,662,750	27,659	1,690,409	1,800	»	1,800	1,688,609		3,188,609	2,540,000
1904.		1,500,000		1,396,880	21,078	1,417,958	2,980	»	2,980	1,414,938		2,914,938	2,558,000
1905..		1,500,000		1,560,360	36,786	1,597,146	120	»	120	1,597,026		3,097,020	2,576,000
1906..		1,500,000		2,021,980	141,828	2,163,808	130	»	130	2,163,678		3,663,678	2,595,000
1907..		1,500,000		2,413,300	77,433	2,490,733	630	»	630	2,490,103		3,090,103	2,613,000
1908..		1,500,000		1,806,720	31,716	1,838,436	1,202	»	1,202	1,837,234		4,337,234	2,632,000
1909..		1,500,000		1,766,274	16,156	1,782,426	1,101	»	1,101	1,781,325		3,281,325	2,651,000
1910..		1,500,000		2,084,563	11,921	2,096,484	404	»	404	2,096,080		3,590,080	2,666,000
1911..													
1912..													

(1) Avant 1889, la statistique du royaume de Grèce réunit sous une même rubrique les céréales d'une part et les farines d'autre part.

(2) A l'exportation, la statistique réunit les différentes farines sous le même article.

Superficie totale actuelle.................. 64,679 kilomètres carrés.

Densité de la population.................. 41 par kilomètre carré.

ANNÉES	SUPERFICIE CULTIVÉE.	PRODUCTION.	RENDEMENT MOYEN à l'hectare.	IMPORTATIONS. BLÉ, en grains.	IMPORTATIONS. FARINE convertie, en grains.	IMPORTATIONS. TOTAL, en grains.	EXPORTATIONS. BLÉ, en grains.	EXPORTATIONS. FARINE convertie, en grains.	EXPORTATIONS. TOTAL, en grains.	EXCÉDENT des IMPORTATIONS.	EXCÉDENT des EXPORTATIONS.	QUANTITÉ DISPONIBLE représentée par la production plus l'importation moins l'exportation.	POPULATION.
1	2	3	4	5	6	7	8	9	10	11	12	13	14
	hectares.	quintaux.	quint*.	quintaux.	quintaux.	quintaux.	quintaux.	quintaux.	quintaux.	quintaux.	quintaux.	quintaux.	
1880..	4,434,620	30,024,000	6.90	2,209,580	57,011[1]	2,356,591	808,570	78,232[1]	886,802	1,469,789		32,093,789	
1881..	4,434,620	27,408,270	6.18	1,473,580	57,917	1,531,497	947,900	98,464	1,046,364	485,133		27,893,403	
1882..	4,434,620	40,887,157	9.22	1,646,000	76,313	1,722,313	962,120	80,146	1,042,266	680,047		41,567,204	28,460,000
1883..	4,434,620	31,525,000	7.11	2,324,000	69,860	2,393,860	802,170	77,010	879,786	1,514,074		33,039,074	
1884..		33,895,000		3,551,000	118,396	3,669,396	379,530	76,711	447,241	3,222,155		37,117,155	
1885..		32,170,000		7,235,860	604,158	7,840,018	130,150	88,167	216,317	7,263,701		39,433,701	
1886..		32,930,000		9,362,330	515,885	9,078,215	77,020	76,098	153,118	9,525,097		42,455,097	
1887..		34,698,000		10,158,600	143,718	10,302,318	47,550	68,162	115,712	10,186,606		44,584,606	
1888..		30,264,000		6,697,890	40,927	6,738,817	26,350	46,227	72,577	6,666,240		36,930,240	
1889..		29,945,000		8,728,430	13,002	8,742,332	5,700	4,784	10,484	8,731,848		38,676,848	
1890..	4,407,000	36,130,000	10.51	6,449,860	13,460	6,463,320	4,180	4,478	8,658	6,454,662		42,584,662	
1891..	4,502,000	38,885,000	11.07	4,643,670	10,997	4,654,667	6,960	5,274	12,234	4,642,433		43,527,433	30,913,000
1892..	4,580,000	31,798,000	9.00	6,071,430	10,732	6,082,162	5,000	2,631	7,631	6,074,531		37,872,531	
1893..	4,556,000	37,170,000	10.46	8,014,180	12,064	8,026,244	6,774	4,382	11,156	8,015,088		45,785,088	
1894..	4,574,000	33,423,000	9.37	4,868,460	15,102	4,883,562	3,740	5,412	9,152	4,874,410		38,297,410	
1895..	4,593,000	32,869,000	9.03	6,578,110	18,587	6,596,997	2,880	137,290	140,170	6,456,827		38,823,827	
1896..	4,581,000	39,920,000	11.17	6,980,220	9,510	6,989,730	3,370	115,834	119,204	6,870,526		46,790,526	
1897..		23,891,000		4,141,080	10,414	4,151,494	4,680	118,217	122,897	4,028,597		27,919,597	
1898..		37,752,000		8,782,350	35,398	8,817,748	5,350	123,587	128,937	8,688,811		46,440,811	32,135,000
1899..		37,908,000		5,173,260	12,980	5,186,240	2,510	165,620	168,130	5,018,100		42,926,100	
1900..		36,761,400		7,320,530	12,086	7,332,616	3,240	146,876	150,116	7,182,500		43,943,900	32,346,000
1901..	4,820,000	45,240,000	9.40	10,462,910	18,590	10,481,500	2,920	122,157	125,077	10,356,423		55,596,423	32,475,000
1902..	4,750,000	37,440,000	7.90	11,777,270	15,846	11,793,116	1,790	186,170	187,960	11,605,156		49,045,156	32,745,000
1903..	4,650,000	50,700,000	10.05	11,734,220	16,618	11,750,838	5,350	192,267	197,617	11,553,521		62,253,221	32,921,000
1904..	5,396,997	46,077,902	8.50	8,060,660	14,810	8,075,520	3,640	346,976	350,616	7,721,904		53,802,806	33,140,000
1905..	5,315,304	44,117,754	8.30	1,052,904	15,893	1,068,797	4,440	6,143	10,583	1,058,214		45,175,968	33,362,000
1906..	5,136,654	48,504,627	9.40	13,736,770	19,106	13,755,896	4,040	452,057	456,097	13,299,779		61,804,406	33,541,000
1907..	5,229,860	48,801,381	9.30	9,329,980	23,630	9,353,610	19,730	648,481	668,141	8,685,469		57,486,850	33,776,000
1908..	5,107,600	41,845,200	8.20	7,899,800	22,888	7,922,688	6,730	634,088	606,541	7,316,147		49,161,353	34,129,000
1909..	4,709,000	51,813,000	11.00	13,323,730	15,068	13,238,798	4,320	599,711	604,131	12,634,667		64,447,667	34,417,000
1910..	4,758,600	41,750,000	8.80	14,416,480	17,560	14,435,040	676	839,383	840,059	13,594,981		55,344,981	34,756,000
1911..	4,751,600	52,302,000	11.02										
1912..	4,755,400	45,102,000	9.48										

Superficie totale actuelle.................. 286,682 kilomètres carrés.
Densité de la population.................. 121 par kilomètre carré.

Superficie..........
- totale.............. 28,668,222 hectares.
- productive.......... 26,371,607 hectares, soit 92 p. o/o.
- improductive........ 2,296,613 hectares, soit 8 p. o/o.
- des terres labourables. 13,684,935 hectares, soit 47.4 p. o/o.
- des céréales........ 7,295,550 hectares, soit 53 p. o/o des terres labourables.

(1) La statistique du royaume d'Italie donne les importations et les exportations de toutes les farines de céréales mélangées de 1880 à 1884.

NORVÈGE.

ANNÉES.	SUPER-FICIE CULTIVÉE.	PRODUC-TION.	RENDEMENT MOYEN à l'hectare.	IMPORTATIONS. BLÉ, en grains.	FARINE convertie en grai.	TOTAL, en grains.	EXPORTATIONS. BLÉ, en grains.	FARINE convertie en grains.	TOTAL, en grains.	EXCÉDENT des IMPORTATIONS.	des EXPORTATIONS.	QUANTITÉ DISPONIBLE représentée par la production plus l'importation moins l'exportation.	POPU-LATION.
1	2	3	4	5	6	7	8	9	10	11	12	13	14
	hectares.	quintaux.	quint².	quintaux.	quintaux.	quintaux.	quintaux.	quintaux.	quintaux.	quintaux.	quintaux.	quintaux.	
1880..	4,000	41,200	10.30	71,960	147,230	219,190	»	64	64	219,126		260,326	
1881..	4,000	37,440	9.36	75,390	»	75,390	»	»	»	75,390		112,830	
1882..	4,000	53,200	13.30	88,970	146,527	235,497	»	4,893	4,893	230,604		283,804	
1883..	4,000	45,600	11.40	62,770	181,337	244,107	10	94	104	244,003		289,603	
1884..	4,000	54,920	15.23	85,540	220,650	306,190	»	56	56	306,134		361,054	
1885..	4,000	60,000	14.00	75,240	222,661	297,901	»	2,321	2,321	295,580		355,580	
1886.	4,000	57,240	14.31	59,280	258,685	317,965	4	9,160	9,164	308,801		366,041	
1887.	4,000	66,000	16.50	60,040	252,232	312,272	»	4,194	4,194	308,078		374,078	
1888..	4,000	60,480	15.12	62,320	272,725	335,045	4	4,504	4,508	330,537		391,017	
1889..	4,000	57,480	14.37	51,680	280,058	331,738	1	1,547	1,548	330,190		387,670	
1890..	4,386	75,880	15.90	69,920	312,585	382,505	6	1,411	1,417	381,088		456,968	2,001,000
1891..	4,386	71,900	16.39	120,080	796,534	916,614	10	118	128	916,486		988,386	
1892..	4,386	71,900	16.39	82,240	968,918	1,051,158	11	134	145	1,051,013		1,122,913	
1893..	4,386	64,470	14.70	22,050	1,095,730	1,117,770	»	»	»	1,117,770		1,182,240	
1894..	4,386	72,190	16.46	44,080	943,160	987,240	71	»	71	987,169		1,059,350	
1895..	4,386	60,460	13.99	95,635	867,865	973,500	15	»	15	963,485		1,023,945	
1896..	4,386	76,300	17.40	87,957	922,014	1,009,971	85	•	85	1,009,886		1,086,186	
1897..	4,386	75,300	17.17	96,990	441,727	538,717	60	7	67	538,650		613,950	
1898..	4,386	72,470	16.50	104,970	491,251	596,221	»	»	»	596,221		668,691	
1899..	4,386	60,180	15.07	89,520	588,597	678,117	30	63	93	678,024		748,204	2,218,000
1900..	5,074	88,459	17.47	77,160	660,438	737,598	»	111	111	737,487		825,946	2,240,000
1901..	5,074	86,651	17.08	73,020	645,257	718,277	20	191	211	718,066		804,717	2,265,000
1902..	5,074	71,947	14.18	108,920	605,770	714,690	»	569	569	714,121		786,068	2,281,000
1903..	5,074	83,383	16.43	170,650	561,060	731,710	»	671	671	731,039		814,422	2,288,000
1904..	5,074	57,612	11.35	236,480	514,520	751,000	25	784	809	750,191		807,803	2,300,000
1905..	5,074	89,277	17.59	199,020	547,431	746,451	30	600	630	745,821		835,098	2,311,000
1906..	5,074	82,270	16.21	208,440	598,790	807,230	40	490	530	806,700		888,970	2,321,000
1907..	5,021	78,756	15.52	150,020	714,200	864,220	10	130	140	864,080		942,836	2,331,000
1908..	5,021	89,551	17.83	225,546	799,708	1,025,254	»	337	337	1,024,917		1,114,468	2,353,000
1909..	5,021	85,009	16.93	218,862	695,053	913,915	e	213	213	913,702		998,711	2,370,000
1910..	5,021	79,707	15.46	215,366	691,461	906,827	»	284	284	906,543		986,250	2,392,000
1911..	5,021	95,471	19.02	208,897	818,150	1,027,047	»	735	735	1,026,312		1,121,783	
1912..	5,021	79,102	15.80										

Superficie totale actuelle.................. 321,477 kilomètres carrés.

Densité de la population................... 7 par kilomètre carré.

Superficie...........
- totale.............. 32,298,657 hectares.
- productive.......... 9,284,663 hectares, soit 28.7 p. o/o.
- improductive........ 23,013,994 hectares, soit 71.3 p. o/o.
- des terres labourables. 746,686 hectares, soit 2.29 p. o/o.
- des céréales......... 168,427 hectares, soit 22.7 p. o/o des terres labourables.

PAYS-BAS.

ANNÉES.	SUPERFICIE CULTIVÉE.	PRODUCTION.	RENDEMENT MOYEN à l'hectare.	IMPORTATIONS BLÉ, en grains.	IMPORTATIONS FARINE convertie, en grains.	IMPORTATIONS TOTAL. en grains.	EXPORTATIONS BLÉ, en grains.	EXPORTATIONS FARINE convertie, en grains.	EXPORTATIONS TOTAL, en grains.	EXCÉDENT des IMPORTATIONS.	EXCÉDENT des EXPORTATIONS.	QUANTITÉ DISPONIBLE représentée par la production plus l'importation moins l'exportation.	POPULATION.
1	2	3	4	5	6	7	8	9	10	11	12	13	14
	hectares.	quintaux.	quint^x.	quintaux.	quintaux.	quintaux.	quintaux.	quintaux.	quintaux.	quintaux.	quintaux.	quintaux.	
1880..	92,543	1,556,940	16.80	4,441,860	457,095	4,938,955	1,843,760	102,189	1,945,949	2,293,006		4,510,046	4,013,000
1881..	88,706	1,240,547	13.90	4,044,270	447,524	4,491,794	2,151,720	150,222	2,301,942	2,189,852		3,430,300	
1882..	92,911	1,442,000	15.40	4,541,190	287,831	4,829,021	2,662,410	74,032	2,736,442	2,092,579		3,534,579	
1883..	86,656	1,492,000	17.17	5,642,820	293,589	5,936,409	3,019,860	64,590	3,084,450	2,851,959		4,343,039	
1884..	88,742	1,562,000	17.55	5,814,260	473,448	6,287,708	3,601,890	55,580	3,657,470	2,630,238		4,192,238	
1885..	84,763	1,678,000	19.92	5,218,675	39,475	5,613,426	2,571,607	1,042,191	3,013,798	1,999,626		3,677,628	
1886..	80,649	1,388,000	17 02	5,531,734	730,170	6,261,904	3,203,879	217,748	3,421,627	2,840,277		4,478,277	
1887..	85,194	1,826,000	21.37	5,725,455	378,211	6,653,666	3,261,595	243,730	3,505,325	3,148,341		4,974,341	
1888..	84,655	1,390,000	16.35	5,162,216	917,514	6,079,730	2,807,150	250,847	3,057,997	3,021,733		4,411,733	
1889..	85,376	1,715,000	20.00	5,277,784	887,347	6,165,131	2,735,501	326,632	3,062,133	3,102,998		4,817,998	
1890 .	84,841	1,438,000	16.98	5,431,295	1,266,137	6,697,432	3,225,866	329,467	3,555,333	3,142,099		4,580,099	4,511,000
1891..	58,583	919,000	15.82	7,438,927	1,292,435	8,731,362	4,177,221	327,814	4,505,035	4,226,327		5,145,327	
1892..	74,216	1,426,000	19.12	6,602,340	1,483,591	8,085,931	4,277,353	231,782	4,509,135	3,576,796		5,002,796	
1893..	70,804	1,353,000	18.32	6,616,866	1,550,691	8,167,557	4,610,431	223,750	4,834,181	3,333,376		4,686,376	
1894..	64,586	1,102,000	17.08	8,126,481	1,549,210	9,675,691	4,939,488	228,321	5,167,809	4,507,882		5,609,882	
1895..	61,862	1,144,000	18.30	9,573,564	1,340,060	10,913,624	6,543,044	132,405	6,675,449	4,238,175		5,382,175	
1896..	62,265	1,380,000	21.45	10,341,496	1,803,975	12,145,471	7,550,875	139,201	7,690,076	4,455,395		5,835,395	
1897..	62,199	1,143,000	18.22	11,104,500	1,751,500	12,856,000	8,744,370	176,660	8,921,030	3,934,970		5,077,970	
1898..	73,088	1,334,000	19.57	10,473,380	1,969,700	12,443,080	8,209,190	169,840	8,379,030	4,064,050		5,398,050	
1899..	71,836	1,381,000	18.75	9,357,590	2,492,810	11,850,400	7,215,290	192,820	7,408,110	4,442,290		5,823,290	5,104,000
1900..	63,848	1,241,084	19.35	9,972,350	2,195,680	12,168,030	7,554,990	205,480	7,760,470	4,407,560		5,648,644	5,179,000
1901..	54,452	1,133,160	20.80	13,103,000	2,579,140	15,682,140	10,186,000	102,320	10,288,320	5,393,820		6,526,980	5,263,000
1902..	61,655	1,367,240	22.20	15,871,290	2,387,430	15,258,720	10,064,260	104,400	10,168,660	5,090,060		6,457,300	5,347,000
1903..	55,518	1,140,000	20.50	13,517,660	2,507,300	16,024,960	10,815,600	134,900	10,950,500	5,074,601		6,214,460	5,431,000
1904..	54,081	1,184,840	21.90	13,746,600	2,372,520	16,119,120	11,071,710	165,580	11,237,290	4,881,830		6,065,870	5,510,000
1905..	60,972	1,208,840	21.50	16,871,620	2,367,290	19,238,910	14,438,520	253,730	14,692,250	4,546,660		5,845,500	5,592,000
1906..	56,796	1,323,920	23.30	12,112,750	2,870,740	14,983,490	9,015,660	140,950	9,156,610	5,826,880		7,150,800	5,672,000
1907 .	54,411	1,425,760	26.20	14,615,950	2,424,490	17,040,440	12,170,140	203,170	12,373,310	4,767,130		6,102,890	5,717,000
1908..	56,269	1,371,040	24.40	10,929,624	2,704,530	13,724,154	8,141,286	184,730	8,326,016	5,398,138		6,769,178	5,825,000
1909..	51,268	1,113,611	21.70	16,254,496	2,648,900	18,903,390	12,919,253	371,140	13,290,393	5,612,997		6,720,608	5,858,000
1910..	54,748	1,173,644	21.70	19,330,597	2,799,360	22,199,957	15,866,863	339,730	16,206,593	5,923,364		7,097,008	5,945,000
1911..	57,539	1,514,826	26.30										
1912..	57,682	1,254,149	21.70										

Superficie totale actuelle.................. 33,078 kilomètres carrés.

Densité de la population.................. 177 par kilomètre carré

Superficie..........
- totale............ 3,260,589 hectares.
- productive......... 3,012,173 hectares, soit 92.4 p. o/o
- improductive....... 248,416 hectares, soit 7.6 p. o/o.
- des terres labourables. 884,075 hectares, soit 26.5 p. o/o.
- des céréales......... 459,323 hectares, soit 52 p. o/o de céréales.

PORTUGAL.

ANNÉES.	SUPER-FICIE CULTIVÉE.	PRODUC-TION	RENDEMENT MOYEN à l'hectare.	IMPORTATIONS. BLÉ, en grains.	FARINE convertie, en grains.	TOTAL, en grains.	EXPORTATIONS. BLÉ, en grains.	FARINE convertie, en grains.	TOTAL, en grains.	EXCÉDENT des IMPORTATIONS.	des EXPORTATIONS.	QUANTITÉ DISPONIBLE représentée par la production plus l'importation moins l'exportation.	POPULATION.
1	2	3	4	5	6	7	8	9	10	11	12	13	14
	hectares.	quintaux.	quintaux.	quintaux.	quintaux.	quintaux.	quintaux.	quintaux.	quintaux.	quintaux.	quintaux.	quintaux.	
1880..		1,800,000		709,310	12,871	722,181	21,830	5,336	27,166	695,015		2,495,015	
1881..		1,800,000		813,650	37,968	850,618	1,490	4,840	6,330	850,288		2,650,288	
1882..		1,800,000		1,073,110	44,727	1,117,837	4,910	4,081	8,991	1,108,846		2,908,846	
1883..		1,800,000		858,190	23,124	881,314	550	9,481	9,931	871,383		2,671,383	4,551,000
1884..		1,800,000		1,037,610	7,900	1,045,510	530	8,226	8,756	1,036,754		2,836,754	
1885..		1,800,000		995,441	23,315	1,018,756	116	7,927	8,043	1,010,713		2,910,713	
1886..		1,800,000		1,208,275	34,698	1,242,973	99	4,725	4,824	1,238,149		3,038,149	
1887..		1,800,000		1,253,920	48,938	1,302,858	422	5,830	6,252	1,296,606		3,096,606	
1888..		1,871,000		1,025,931	67,391	1,093,325	403	5,623	6,026	1,087,299		2,958,299	
1889..		2,213,000		763,043	81,074	844,117	124	3,941	4,065	840,052		3,083,052	
1890..		2,320,000		946,868	37,661	984,529	107	4,508	4,615	979,914		3,299,914	
1891..		1,741,000		1,123,854	54,802	1,178,656	381	5,987	6,368	1,172,288		2,913,288	5,050,000
1892..		1,893,000		1,121,712	36,640	1,158,352	422	12,965	13,387	1,144,965		3,037,965	
1893..		1,632,000		1,444,044	20,607	1,464,651	236	16,658	16,894	1,447,757		3,079,757	
1894..		1,523,000		1,065,060	l	7,007,111	00	16,655	16,754	1,048,326		2,571,326	
1895..		1,850,000		1,379,030	»	1,379,030	10	12,678	12,688	1,366,342		3,216,342	
1896..		1,523,000		1,187,940	»	1,187,940	10	18,165	18,175	1,169,765		2,692,765	
1897..		1,875,000		1,412,280	»	1,412,280	49	24,747	24,796	1,387,484		3,262,484	
1898..		2,250,000		697,140	205,641	902,781	7	28,186	28,193	874,588		3,124,588	
1899..		1,087,000		1,004,550	1,493	1,006,043	30	26,174	26,204	979,839		2,066,839	5,394,000
1900..		1,087,000		1,368,700	»	1,368,700	20	34,393	34,413	1,334,287		2,421,287	5,016,000
1901..		1,305,000		923,160	320	923,480	13	30,548	30,561	892,599		2,197,599	5,055,000
1902..		1,031,000		91,700	»	91,700	»	44,026	44,026	47,674		1,078,674	5,090,000
1903..		1,600,000		747,960	»	747,960	»	40,284	40,284	707,676		2,307,676	5,120,000
1904..		1,600,000		893,300	»	893,300	20	36,383	36,403	856,897		2,456,897	5,162,000
1905..		1,600,000		1,271,670	»	1,271,670	10	37,361	37,371	1,234,299		2,834,299	5,197,000
1906..		1,600,000		1,048,680	»	1,048,680	10	37,541	37,551	1,011,139		2,611,139	5,233,000
1907..		1,600,000		261,940	»	261,940	4	42,769	42,773	219,167		1,819,167	5,269,000
1908..		1,600,000		1,253,000	»	1,253,000	»	»	»	1,253,000		2,853,000	5,304,000
1909..													5,340,000
1910..													5,375,000
1911..													
1912..													

Superficie totale actuelle............ 91,129 kilomètres carrés.

Densité de la population......... ... 59 par kilomètre carré.

ROUMANIE.

ANNÉES	SUPERFICIE CULTIVÉE (hectares)	PRODUCTION (quintaux)	RENDEMENT MOYEN à l'hectare (quintaux)	IMPORTATIONS BLÉ, en grains (quintaux)	IMPORTATIONS FARINE convertie en grains (quintaux)	IMPORTATIONS TOTAL, en grains (quintaux)	EXPORTATIONS BLÉ, en grains (quintaux)	EXPORTATIONS FARINE convertie en grains (quintaux)	EXPORTATIONS TOTAL, en grains (quintaux)	EXCÉDENT des IMPORTATIONS (quintaux)	EXCÉDENT des EXPORTATIONS (quintaux)	QUANTITÉ DISPONIBLE représentée par la production plus l'importation moins l'exportation (quintaux)	POPULATION
1	2	3	4	5	6	7	8	9	10	11	12	13	14
1880..	»	»		»	»	»	3,996,976	»					
1881..	»	»		»	»	»	2,030,061	»					
1882..	»	»		»	»	»	4,000,353	»					
1883..	»	»		»	»	»	4,015,726	»					
1884..	»	»		68,750	»	68,750	2,659,080	»					
1885..	»	»		26,395	59,035	85,430	3,835,345	222,780	4,058,125		3,972,695		
1886..	»	»		12,575	65,450	78,025	3,050,755	135,921	3,186,676		3,108,651		
1887..	»	»		28,194	110	28,304	5,021,653	133,131	5,154,784		5,126,480		
1888..	»	14,259,000		27,950	55	28,005	8,305,631	222,930	8,528,561		8,500,556		
1889..	1,339,928	13,743,000	9.90	22,230	38	22,268	9,453,932	146,115	9,600,047		9,067,779	4,075,221	
1890..	1,509,689	14,748,000	9.37	18,981	51	19,032	9,228,291	126,654	9,354,945		9,335,913	5,412,087	
1891..	1,541,051	13,328,000	8.32	35,418	27	35,445	6,613,748	159,527	6,773,275		6,737,830	6,590,170	
1892..	1,496,072	19,829,000	11.32	10,807	21	10,828	7,710,117	247,382	7,957,419		7,946,621	11,882,379	
1893..	1,303,590	16,697,000	12.30	29,641	40	29,681	7,029,513	291,855	7,321,368		7,291,687	9,405,313	
1894..	1,392,660	11,981,000	8.25	23,304	21	23,325	6,836,056	447,490	7,283,546		7,260,221	4,720,779	
1895..	1,438,000	18,929,000	12.60	85,119	64	85,183	9,712,388	314,702	10,027,090		9,941,907	8,987,093	
1896..	1,505,210	19,569,000	12.52	41,840	53	41,843	12,247,860	347,676	12,595,536		12,553,693	7,015,301	
1897..	1,595,090	10,019,000	6.07	105,280	45	105,325	4,339,540	145,570	4,485,110		4,379,785	5,039,215	
1898..	1,453,600	16,068,000	10.65	89,840	130	89,970	5,802,600	261,690	6,067,290		5,977,450	10,090,550	
1899..	1,661,360	7,161,000	4.12	259,790	30	259,820	1,813,310	333,650	2,146,960		1,887,170	5,276,830	5,957,000
1900..	1,589,490	15,634,800	9.80	70,830	27	70,857	7,216,760	323,900	7,540,660		7,469,830	8,164,970	6,045,000
1901..	1,636,560	19,499,700	11.90	49,590	63	49,653	5,685,230	342,859	6,028,089		5,978,436	13,501,324	6,126,000
1902..	1,486,485	21,514,780	14.50	107,240	20	107,260	9,185,420	272,433	9,457,853		9,350,593	12,164,187	6,196,000
1903..	1,605,657	20,501,970	12.80	116,850	30	116,880	8,335,210	252,513	8,587,723		8,470,843	12,031,127	6,292,000
1904..	1,720,390	15,102,850	8.80	112.710	2	112,712	7,105,200	17,260	7,122,460		7,009,748	8,093,102	6,392,000
1905..	1,958,250	28,511,180	14.60	54,210	20	54,230	17,163,840	612,536	17,776,376		17,722,146	10,689,034	6,480,000
1906..	2,022,843	30,561,500	15.10	129,730	70	129,800	17,277,830	946,570	18,224,400		18,094,600	11,614,900	6,586,000
1907..	1,714,317	11,848,100	6.80	9,640	30	9,670	11,514,240	707,293	12,221,533		12,211,863	− 563,763	6,684,000
1908..	1,801,685	15,108,640	8.4	»	77	77	17,277,826	219,047	17,496,873		17,496,796	−2,388,156	6,772,000
1909..	1,680,044	16,022,540	9.5	32,394	95	32,489	8,577,014	436,953	9,014,067		8,981,578	7,040,962	6,866,000
1910..	1,948.217	29,273,844	15.02	85,700	93	85,793	18,431,920	766,069	19,197,980		19,112,196	10,161,648	
1911..	1,930,164	26,033,561	13.5										
1912..	2,060,420	24,335,000	11.8										

Superficie totale actuelle................ ... 131,353 kilomètres carrés.
Densité de la population...... .... 53 par kilomètre carré.

Superficie......
- totale............. 13,017,700 hectares.
- productive........ . 9.973,663 hectares, soit 76.6 p. o/o.
- improductive........ 3,044,037 hectares, soit 23.4 p. o/o.
- des terres labourables. 6,003,415 hectares, soit 46.10 p. o/o.
- des céréales.. ..... 5,037,387 hectares, soit 83.9 p. o/o des terres labourables.

RUSSIE D'EUROPE ET D'ASIE.

ANNÉES	SUPER-FICIE CULTIVÉE	PRODUC-TION	RENDEMENT MOYEN à l'hectare	IMPORTATIONS — BLÉ, en grains.	IMPORTATIONS — FARINE convertie, en grains.	IMPORTATIONS — TOTAL, en grains.	EXPORTATIONS — BLÉ, en grains.	EXPORTATIONS — FARINE convertie, en grains.	EXPORTATIONS — TOTAL, en grains.	EXCÉDENT des IMPORTA-TIONS.	EXCÉDENT des EXPORTA-TIONS.	QUANTITÉ DISPONIBLE représentée par la production plus l'importation moins l'exportation.	POPU-LATION.
1	2	3	4	5	6	7	8	9	10	11	12	13	14
	hectares.	quintaux.	quintaux.	quintaux.	quintaux.	quintaux.	quintaux.	quintaux.	quintaux.	quintaux.	quintaux.	quintaux.	
1880..	(1) ″	190,500,000		4,074	2,292	6,366	10,062,070	331,425	10,393,505		10,387,139	180,112,861	
1881..	11,711,761	190,500,000		3,977	1,341	5,318	13,474,679	278,968	13,753,647		13,748,329	176,751,671	
1882..	″	190,500,000		102,078	19,318	121,396	21,007,841	464,010	2,471,851		2,350,455	188,149,545	
1883..	″	190,500,000		69,522	61,620	131,142	23,129,215	313,634	23,442,849		23,291,707	167,208,291	
1884..	″	258,562,000		68,620	74,720	143,340	18,752,151	471,505	19,223,656		19,080,316	239,181,684	
1885..	″	172,378,200		319,100	70,200	389,300	25,407,073	817,931	26,225,604		25,836,304	147,541,896	
1886..	″	155,403,400		146,720	82,920	229,640	14,990,048	862,903	15,852,951		15,623,311	139,780,089	
1887..	″	152,800,000		41,925	30,670	72,595	22,153,950	924,038	23,077,988		23,005,393	129,794,607	
1888..	″	101,002,000		108,510	25,352	133,862	35,172,610	975,802	36,148,412		36,014,550	67,987,450	
1889..	″	103,886,000		14,780	39,592	54,372	31,211,435	886,092	32,097,517		32,083,145	71,802,855	
1890..	″	104,572,000		45,368	46,150	91,518	29,825,523	870,867	30,696,390		30,604,550	73,967,450	
1891..	″	90,776,000		″	74,560	74,560	28,889,242	875,318	29,764,560		29,690,000	61,086,000	
1892..	13,198,386	123,068,000		″	182,350	182,350	13,359,037	604,079	13,963,116		▸13,780,766	109,287,234	
1893..	13,119,218	152,836,000		″	62,780	62,780	25,590,474	747,428	26,337,902		26,275,122	126,760,678	
1894..	12,226,960	151,201,000		″	69,418	69,418	33,536,248	882,344	34,418,592		34,409,174	116,791,826	
1895..	12,841,790	139,888,000		″	50,660	50,660	38,846,072	982,126	30,829,098		39,778,438	100,058,912	
1896..	(2) 16,371,457	127,920,000		(4) 27,988	43,928	71,916	35,968,514	886,326	36,854,840		36,782,924	91,137,070	
1897..	(2) 16,770,810	132,300,000		(4) 31,800	55,168	86,968	34,939,687	881,876	35,821,563		35,734,595	96,565,405	
1898..	(2) 16,701,198	129,000,000		(4) 83,943	16,010	99,953	29,081,707	1,057,548	30,139,255		30,039,302	98,960,698	
1899..	(2) 17,810,047	138,962,000		(4) 28,770	4,616	33,386	17,544,127	898,975	18,443,102		18,409,716	119,552,284	133,000,000
1900..	(3) 21,179,498	136,875,000	6.40	(4) 49,882	3,753	53,635	19,144,280	1,072,071	20,216,360		20,162,725	116,712,275	135,590,000
1901..	21,976,180	116,422,759	5.30	(4) 60,320	140,350	200,670	22,699,404	926,380	23,625,784		23,425,114	92,907,645	138,431,000
1902..	22,302,308	165,293,645	7.41	(4) 125,230	252,580	377,860	30,474,335	817,697	31,292,032		30,914,172	134,384,473	141,335,000
1903..	23,155,838	169,133,131	7.30	(4) 219,480	299,850	519,330	41,760,646	1,303,958	43,064,604		42,545,274	126,587,857	144,209,000
1904..	23,051,152	181,459,739	7.87	330,028	26,927	557,555	46,008,799	1,490,405	47,499,204		46,941,649	134,518,090	147,331,000
1905..	25,174,116	173,168,441	6.87	86,847	50,286	137,133	48,130,009	1,386,407	49,516,516		49,379,383	123,789,058	150,420,000
1906..	27,539,387	147,911,016	5.37	188,078	50,300	238,378	36,035,181	1,438,640	37,473,821		37,235,443	110,675,573	153,581,000
1907..	27,021,921	155,283,518	5.75	1,156,754	80,711	1,257,465	23,203,201	946,992	24,153,193		22,895,728	132,387,790	156,806,000
1908..	27,237,425	170,531,014	6.27	1,358,294	100,536	1,458,830	14,709,731	759,608	15,469,339		14,010,509	169,420,505	160,092,000
1909..	29,008,397	230,288,087	7.93	760,554	211,731	972,285	51,510,022	1,350,102	52,860,124		51,887,839	178,400,248	163,778,000
1910..	31,385,825	227,587,212	7.25	20,311	1,968	22,279	61,352,928	1,448,947	62,801,875		62,779,596	164,807,618	
1911..	29,877,812	138,663,935	4.64										
1912..	28,854,100	204,100,531	7.07										

Superficie totale actuelle............... 22,701,000 kilomètres carrés.

Densité de la population. .... 7 par kilomètre carré.

(1) Jusqu'en 1900, superficie dans la Russie d'Europe, non compris la Pologne.

(2) Y compris le Caucase du Nord.

(3) A partir de 1900, superficie cultivée dans la totalité de l'empire (Russie d'Europe et Russie d'Asie).

(4) Toutes céréales, pommes de terre, pois et fèves.

SERBIE.

ANNÉES.	SUPERFICIE CULTIVÉE.	PRODUCTION	RENDEMENT MOYEN à l'hectare.	IMPORTATIONS.			EXPORTATIONS.			EXCÉDENT		QUANTITÉ DISPONIBLE représentée par la production plus l'importation moins l'exportation.	POPULATION.
				BLÉ, en grains.	FARINE convertie, en grains.	TOTAL, en grains.	BLÉ, en grains.	FARINE convertie, en grains.	TOTAL, en grains.	des IMPORTATIONS.	des EXPORTATIONS.		
1	2	3	4	5	6	7	8	9	10	11	11	13	14
	hectares.	quintaux.	quintaux.	quintaux.	quintaux.	quintaux.	quintaux.	quintaux.	quintaux.	quintaux.	quintaux.	quintaux.	
1880..													
1881.													
1882.													
1883													
1884													
1885.													
1886.													
1887													
1888.		2,246,000		18	12,002	12,020	710,694	6,732	717,446		705,426	1,541,574	
1889	187,744	2,493,009	13.38	4,775	8,232	13,007	491,337	9,251	500,588		487,581	2,005,518	
1890		1,904,000		25,278	9,184	34,462	625,333	1,981	627,314		592,852	1,311,948	
1891		2,176,000		220	8,234	8,454	862,025	7,114	869,139		860,685	1,315,315	
1892		3,025,000		113	8,772	8,885	794,642	61	794,703		785,808	2,230,292	2,162,000
1893	317,070	2,374,824	6.2	12	6,111	6,123	877,256	30	877,286		871,163	1,503,661	
1894		2,176,000		2	6,243	6,245	527,417	14	527,431		521,486	1,554,514	
1895		2,393,000		167	5,795	5,962	623,250	60	623,310		617,357	1,775,643	
1896..		2,176,070		39	4,037	4,076	1,030,141	30	1,030,171		1,026,095	1,149,905	
1897	270,743	3,644,570	13.10	35,376	8,701	44,077	308,500	30	308,530		264,453	3,380,126	
1898	281,634	2,613,419	9.30	15,000	8,640	23,640	617,281	750	618,031		594,391	2,040,028	
1899	403,819	3,185,878	7.80	125	5,350	5,475	775,421	120	775,541		770,066	2,415,812	2,450,000
1900	310,032	2,214,070	6.01	8	3,925	3,933	988,027	2,100	991,027		987,094	1,227,976	2,493,000
1901	304,814	2,265,087	6.65	10	4,970	4,980	595,120	11,240	606,360		601,380	1,603,707	2,536,000
1902	325,584	3,104,922	9.68	350	6,137	6,487	505,058	5,590	510,648		504,161	2,000,761	2,577,000
1903	348,062	2,902,501	8.30	103	6,644	6,747	501,211	49,311	550,522		543,775	2,418,720	2,622,000
1904	366,399	3,177,734	9.14	83	5,913	5,996	831,854	11,793	843,647		837,651	2,310,083	2,672,000
1905	372,143	3,064,913	7.08	775	7,390	8,165	931,467	24,823	956,290		948,125	2,116,788	2,688,000
1906.	372,368	3,595,433	8.03	53	5,854	5,907	915,978	110,349	1,026,927	-	1,020,420	2,575,013	2,735,000
1907.	367,603	2,279,359	6.27	1,733	4,046	5,779	542,272	42,665	584,937.		570,158	1,700,201	2,784,000
1908..	379,665	3,128,412	8.24	202	3,469	3,671	903,427	80,010	983,437		979,706	2,148,646	2,821,000
1909..	378,048	4,388,875	11.60	31	1,534	1,565	1,441,302	67,347	1,508,739		1,507,174	2,881,701	2,848,000
1910..	385,833	3,480,059	9.02	1,773	991	2,761	726,439	144,554	870,703		868,229	2,611,809	
1911..	386,466	4,167,191	10.78										
1912..													

Superficie totale actuelle.................. 48,303 kilomètres carrés.
Densité de la population.................. 56 par kilomètre carré.

Superficie.......... { totale.............. 4,830,260 hectares.
productive.......... 2,790,219 hectares, soit 57.77 p. o/o.
improductive........ 2,040,041 hectares, soit 42.23 p. o/o.
des terres labourables.. 1,412,192 hectares, soit 29.24 p. o/o.
céréales............. 1,203,904 hectares, soit 85.25 p. o/o des terres labourables.

SUÈDE.

ANNÉES.	SUPERFICIE CULTIVÉE.	PRODUCTION	RENDEMENT MOYEN à l'hectare.	IMPORTATIONS.			EXPORTATIONS.			EXCÉDENT		QUANTITÉ DISPONIBLE représentée par la production plus l'importation moins l'exportation.	POPULATION.
				BLÉ, en grains.	FARINE convertie, en grains.	TOTAL, en grains.	BLÉ, en grains.	FARINE convertie, en grains.	TOTAL, en grains.	des IMPORTATIONS.	des EXPORTATIONS.		
1	2	3	4	5	6	7	8	9	10	11	12	13	14
	hectares.	quintaux.	quintaux.	quintaux.	quintaux.	quintaux.	quintaux.	quintaux.	quintaux.	quintaux.	quintaux.	quintaux.	
1880..	(1)	951,750	10.30	86,280	465,283	451,563	57,870	25,514	83,384	368,179		1,319,929	
1881..		655,500	9.36	421,440	268,236	689,676	3,150	8,971	12,121	677,555		1,333,055	
1882..		936,000	13.30	418,870	322,456	741,326	3,010	63,657	66,667	674,659		1,610,659	
1883..		804,000	11.40	502,240	555,985	1,058,225	12,820	96,219	111,039	947,186		1,751,186	4,566,000
1884..		996,750	14.23	473,460	559,849	1,033,309	6,230	103,720	109,950	923,359		1,920,109	
1885..		1,050,750	15.00	474,551	562,227	1,036,778	17,101	98.008	115,109	921,669		1,972,410	
1886..		1,002,250	14.31	328,321	550,745	879,066	35,399	87,794	123,193	755,873		1,758,123	
1887..		1,155,000	16.50	376,457	496,780	873,237	17,459	79,428	96,887	776,350		1,931,350	
1888..		1,058,500	15.12	483,676	300,117	783,793	196	29,075	29,271	754,722		1,813,022	
1889..	64,498	1,006,500	14.37	542,419	292,374	834,793	309	29,408	29,717	805,076		1,811,576	
1890..	70,574	1,086,940	15.90	572,841	157,130	729,971	167	36,184	36,351	693,620		1,780,560	
1891..	70,995	1,163,820	16.39	741,773	222,417	964,190	205	22,048	22,253	941,937		2,105,757	4,785,000
1892.	71,360	1,169,800	16.39	1,181,873	311,750	1,493,623	395	21,105	21,500	1,472,123		2,641,923	
1893..	70,731	1,039,750	14.70	1,213,573	456,417	1,669,990	552	2,317	2,869	1,667,121		2,706,871	
1894..	70,855	1,166,850	16.46	1,542,594	528,695	2,071,289	237	1,245	1,482	2,069,807		3,236,657	
1895..	71,141	981,000	13.99	1,075,383	131,084	1,206,467	30	1,341	1,371	1,205,096		2,186,096	
1896..	71,314	1,293,240	17.40	1,200,120	161,590	1,341,710	480	1,150	1,630	1,340,080		2,634,320	
1897.	72,090	1,285,440	17.17	1,108,330	75,100	1,183,430	150	31,590	31,740	1,151,690		2,437,130	
1898..	73,981	1,235,760	16.50	1,323,400	79,900	1,403,300	190	19,740	19,930	1,483,370		2,719,130	
1899..	75,449	1,251,900	15.97	1,567,440	202,850	1,770,290	300	5,930	6,230	1,764,060		3,015,960	5,097,000
1900..	77,888	1,497,803	19.23	1,579,080	123,826	1,702,906	370	600	970	1,701,936		3,199,739	5,136,000
1901..	78,937	1,152,535	14.60	1,720,360	109,900	1,830,260	780	3,433	4,213	1,826,047		2,978,582	5,175,000
1902..	81,882	1,240,474	15.14	2,044,070	124,943	2,169,013	360	2,946	3,306	2,165,707		3,406,181	5,199,000
1903..	81,150	1,502,732	18.51	2,242,070	118,743	2,360,813	460	500	960	2,359,853		3,862,585	5,221,000
1904.	80,900	1,393,360	17.22	2,199,710	102,690	2,302,400	510	1,173	1,683	2,300,717		3,694,077	5,261,000
1905..	83,260	1,519,770	18.25	1,974,550	73,457	2,048,007	350	866	1,216	2,046,791		3,566,561	5,295,000
1906..	85,820	1,851,210	21.58	2,133,420	106,620	2,240,040	540	323	863	2,239,177		4,090,387	5,337,000
1907.	87,770	1,659,530	18.90	1,539,550	159,293	1,698,843	880	490	1,370	1,697,473		3,357,003	5,378,000
1908..	91,013	1,907,100	20.95	2,079,168	151,581	2,230,759	864	1,181	2,045	2,228,714		4,135,814	5,430,000
1909..	92,500	1,880,710	20.33	1,938,225	89,726	2,027,951	841	1,176	2,017	2,025,934		3,906,644	5,470,000
1910..	97,517	2,070,000	21.23	1,867,798	112,870	1,980,668	1,433	1,826	3,259	1,977,409		4,047,409	5,522,000
1911..	101,477	2,236,379	22.03										
1912..													

Superficie totale actuelle. . . . . 447,864 kilomètres carrés.
Densité de la population. . . . . 12 par kilomètres carrés.

Superficie. . . . .
- totale. . . . . 44,786,448 hectares.
- productive. . . . . 26,387,554 hectares, soit 58.9 p. o/o.
- improductive . . . . 18,398,894 hectares, soit 41.1 p. o/o.
- des terres labourables. 3,644,905 hectares, soit 8.16 p. o/o.
- des céréales. . . . . 1,635,193 hectares, soit 44.9 p. o/o des terres labourables.

(1) Avant 1889 les statistiques donnent la superficie du blé et du seigle sans distinction.

ANNÉES.	SUPER-FICIE CULTIVÉE.	PRODUC-TION	RENDEMENT MOYEN à l'hectare.	IMPORTATIONS. BLÉ, en grains.	FARINE convertie, en grains.	TOTAL, en grains.	EXPORTATIONS. BLÉ, en grains.	FARINE convertie, en grains. [1]	TOTAL, en grains.	EXCÉDENT des IMPORTATIONS.	EXCÉDENT des EXPORTATIONS.	QUANTITÉ DISPONIBLE représentée par la production plus l'importation moins l'exportation.	POPU-LATION.
1	2	3	4	5	6	7	8	9	10	11	12	13	14
	hectares.	quintaux.	quintaux.	quintaux.	quintaux.	quintaux.	quintaux.	quintaux.	quintaux.	quintaux.	quintaux.	quintaux.	
1880..		750,000		2,704,196	171,024	2,965,220	160	393	553	2,964,667		3,714,667	
1881..		750,000		2,464,982	187,109	2,652,091	184	377	561	2,651,530		3,401,530	
1882..		750,000		2,750,395	282,491	3,032,886	110	422	532	3,032,354		3,782,354	
1883..		750,000		2,428,603	305,487	2,734,090	106	563	669	2,733,421		3,483,421	2,832,000
1884..		750,000		2,924,104	288,084	3,212,688	95	635	730	3,211,958		3,961,958	
1885..		750,000		2,699,183	431,989	3,131,172	3,280	58,330	61,610	3,069,562		3,819,562	
1886..		750,000		3,035,229	437,580	3,372,809	3,655	72,497	76,152	3,296,657		4,046,657	
1887..		750,000		2,876,419	409,160	3,285,579	3,761	47,025	50,786	3,234,793		3,984,793	
1888..		764,000		3,001,676	400,156	3,401,832	3,252	71,128	74,380	3,327,452		4,091,452	
1889..		853,000		2,930,251	325,785	3,256,036	2,217	69,600	71,817	3,184,219		4,037,219	
1890..		816,000		3,302,442	300,222	3,602,664	2,615	80,844	83,459	3,519,205		4,335,205	
1891..		707,000		3,427,717	329,162	3,756,879	4,256	65,470	69,726	3,687,153		4,394,153	2,918,000
1892..		870,000		3,080,444	341,454	3,421,898	2,784	53,940	56,724	3,365,174		4,235,174	
1893..		979,000		3,341,033	387,998	3,729,021	918	49,210	50,128	3,688,893		4,667,893	
1894..		1 284,000		3,594,411	409,510	4,003,921	2,095	46,435	48,530	3,955,391		5,239,391	
1895..		1,523,000		3,762,628	485,931	4,248,559	1,533	43,322	44,855	4,203,704		5,276,704	
1896..	68,296	1,306,900	19.13	4,224,381	622,561	4,846,942	1,394	46,301	47,695	4,799,247		6,105,247	
1897..		1,087,000		3,532,000	505,984	4,037,984	1,700	54,480	56,180	3,981,804		5,068,804	
1898..		1,275,000		3,447,000	457,143	3,904,143	3,430	82,527	85,957	3,818,186		5,093,186	
1899..		1,087,000		3,813,000	528,741	4,341,741	1,020	59,695	60,715	4,281,026		5,368,026	3,263,000
1900..		1,087,000		3,585,000	427,690	4,012,690	930	54,406	55,336	3,957,354		5,044,354	3,315,000
1901..		1,087,000		3,879,000	612,450	4,491,450	1,790	56,944	58,734	4,432,716		5,519,716	3,340,000
1902..		1,087,000		4,144,000	517,834	4,661,834	1,600	66,210	67,810	4,594,024		5,681,024	3,383,000
1903..		1,000,000		4,443,000	482,393	4,925,393	1,680	66,187	67,867	4,857,526		5,857,526	3,426,000
1904..		1,000,000		4,687,000	524,045	5,211,045	1,830	69,842	71,672	5,139,373		6,139,373	3,468,000
1905..		1,000,000		4,398,000	492,323	4,890,323	1,440	70,871	72,311	4,818,012		5,818,012	3,510,000
1906..		1,000,000		4,408,000	513,366	4,921,366	3,580	68,275	71,855	4,849,511		5,849,511	3,554,000
1907..		1,000,000		4,684,000	558,140	5,242,140	3,040	70,949	73,989	5,168,151		6,168,151	3,590,000
1908..	43,000	950,000	22.1	3,304,000	838,117	4,142,117	1,019	68,889	69,908	4,072,209		5,022,209	3,639,000
1909..	42,400	971,000	22.9	4,001,000	673,763	4,674,763	1,613	41,072	42,685	4,632,078		5,603,078	3,682,000
1910..	42,400	750,000	17.7	3,990,000	728,791	4,718,791	4,367	38,720	43,087	4,675,704		5,425,704	3,742,000
1911..	42,365	959,200	22.6	4,393,211	654,846	5,048,057	3,852	43,935	47,767	5,000,290		5,959,490	
1912..	42,365	847,000	20.0										

Superficie totale actuelle.................... 41,324 kilomètres carrés.
Densité de la population .... 90 par kilomètres carrés.

Superficie..............
- totale.............. 4,132,399 hectares.
- productive........... 3.090,032 hectares, soit 74.8 p. o/o.
- improductive........ 1,042,367 hectares, soit 25.2 p. o/o.
- des terres labourables. 219,650 hectares, soit 5.31 p. o/o.
- des céréales......... 134,200 hectares, soit 61.9 p. o/o des terres labourables.

[1] Toutes farines sauf celle de riz.

ANNÉES.	SUPER-FICIE CULTIVÉE.	PRODUC-TION	RENDEMENT MOYEN à l'hectare.	IMPORTATIONS.			EXPORTATIONS.			EXCÉDENT		QUANTITÉ DISPONIBLE représentée par la production plus l'importation moins l'exportation.	POPU-LATION.
				BLÉ, en grains.	FARINE convertie, en grains.	TOTAL, en grains.	BLÉ, en grains.	FARINE convertie, en grains.	TOTAL, en grains.	des IMPORTA-TIONS.	des EXPORTA-TIONS.		
1	2	3	4	5	6	7	8	9	10	11	12	13	14
	hectares.	quintaux.	quintaux.	quintaux.	quintaux.	quintaux.	quintaux.	quintaux.	quintaux.	quintaux.	quintaux.	quintaux.	
1880..													
1881..													
1882..													
1883..													
1884..													
1885..				276,730			21,320						
1886..				196,610			330,070						
1887.				299,110			201,750						
1888..		8,230,000		295,560			243,840						
1889.		8,978,000		349,790			063,220						
1890..		7,481,000		249,020			581,930						6,086,000
1891..		8,160,000		126,600			776,180						
1892..		6,528,000		217,930			336,650						
1893..		7,616,000		357,290			79,380						
1894..		6,963,000		399,190			00,100						
1895..		9,218,000		257,600			181,640						
1896..		9,792,000											
1897..													
1898..		12,000,000		344,190			173,260						
1899..		6,525,000		414,350			77,350						
1900..		8,700,000		190,420			108,580						
1901..		8,700,000											
1902..		10,875,000											
1903..													
1904..													
1905..				104,110			10,550						
1906..													
1907..													
1908..													
1909..													
1910..	467,173	8,589,311	14.1										6,160,000
1911..													
1912..													

Superficie totale actuelle................... 170,053 kilomètres carrés.

Densité de la population................... 36 par kilomètre carré.

INDES BRITANNIQUES.

ANNÉES.	SUPERFICIE CULTIVÉE.	PRODUCTION.	RENDEMENT moyen à l'hectare.	IMPORTATIONS. BLÉ, en grains.	IMPORTATIONS. FARINE convertie, en grains.	IMPORTATIONS. TOTAL, en grains.	EXPORTATIONS. BLÉ, en grains.	EXPORTATIONS. FARINE convertie, en grains.	EXPORTATIONS. TOTAL, en grains.	EXCÉDENT des IMPORTATIONS.	EXCÉDENT des EXPORTATIONS.	QUANTITÉ DISPONIBLE représentée par la production plus l'importation moins l'exportation.	POPULATION.
1	2	3	4	5	6	7	8	9	10	11	12	13	14
	hectares.	quintaux.	quint.	quintaux.	quintaux.	quintaux.	quintaux.	quintaux.	quintaux.	quintaux.	quintaux.	quintaux.	
1880..							1,118,000						
1881..							3,782,000						
1882..							10,110,000						
1883..							7,208,000						
1884..	»	68,598,348	»	»	»	»	10,665,000	»	»		»	»	
1885..	»	81,534,854	»	8,890	15,484	24,374	7,923,960	71,650	7,995,610		7,970,876	73,563,978	
1886..	»	70,404,470	»	19,234	16,212	35,446	10,533,158	122,337	10,655,495		10,620,049	59,784,421	
1887..	»	65,026,599	»	14,334	16,465	30,799	11,130,435	231,621	11,362,056		11,331,257	53,695,342	
1888..	»	72,004,000	»	399	12,554	12,953	6,768,247	233,814	7,002,061		6,989,108	60,014,892	
1889..	»	58,099,000	»	53,334	10,405	63,739	8,804,615	235,161	9,039,776		8,976,037	49,122,963	
1890..	10,755,000	61,363,000	5.70	63,030	9,888	72,918	7,274,812	304,791	7,579,603		7,506,685	53,856,315	267,271,000
1891..	9,907,620	74,811,000	7.55	175,723	8,970	184,793	15,395,804	395,462	15,791,266		15,606,473	59,204,527	
1892..	8,166,000	56,200,000	6.88	52,082	8,531	60,613	7,606,514	375,462	7,981,966		7,921,353	48,284,647	
1893..	8,693,000	71,384,000	8.21	26,709	9,048	35,757	6,175,680	443,533	6,619,213		6,583,456	62,800,544	
1894..	8,989,000	73,853,000	8.21	118,094	8,098	126,192	3,500,186	426,937	3,927,123		3,800,931	70,052,069	
1895..	9,209,000	71,113,000	7.72	73,637	8,335	73,647	5,082,119	480,255	5,562,374		5,480,417	65,632,583	
1896..	7,397,000	54,607,000	7.39	300,678	8,834	309,512	991,450	436,648	1,428,098		1,118,586	53,548,414	
1897..	6,547,000	54,494,000	8.32	23,162	20,810	43,972	1,227,080	368,495	1,595,575		1,551,603	52,942,397	
1898..	8,070,000	73,241,000	9.07	23	6,028	6,051	9,934,850	495,612	10,430,462		10,424,411	62,816,589	
1899..	8,183,000	69,475,000	8.49	153,763	12,246	166,009	4,968,900	405,031	5,373,931		5,207,922	64,267,078	
1900..	6,516,000	54,431,000	8.35	279,675	10,215	289,890	96,280	361,073	457,353		167,363	51,263,637	
1901..	9,657,506	72,073,589	7.5	105,457	20,577	126,034	3,748,380	384,292	4,132,672		4,006,638	68,066,951	294,317,000
1902..	9,488,102	61,882,586	6.5	391	17,224	17,615	5,318,360	521,323	5,839,683		5,822,068	56,060,518	
1903..	9,467,600	80,903,638	8.6	9,426	13,487	22,913	13,226,000	588,366	13,814,366		13,791,453	67,202,185	
1904..	11,498,474	97,958,565	8.5	64	6,059	6,123	21,899,150	748,865	22,648,015		22,641,592	75,316,673	
1905..	11,521,321	77,037,090	6 7	227,307	9,509	236,816	9,570,000	652,714	10,222,714		9,985,898	67,051,192	
1906..	10,666,813	87,076,650	8.2	104,848	3,559	108,407	8,189,350	594,203	8,783,553		8,675,146	78,401,504	
1907..	11,821,714	82,279,663	7.3	127,834	35,399	163,233	8,975,920	540,419	9,516,339		9,353,106	72,926,557	
1908..	9,271,745	62,233,895	6.7	289,978	96,567	386,545	1,136,600	437,115	1,573,715		1,187,170	61,046,725	
1909..	10,617,144	77,615,830	7.3	386	34,424	34,810	10,654,900	508,985	11,163,885		11,129,075	66,486,755	
1910..	11,374,138	97,851,904	8.6	446	41,970	42,416	12,909,590	584,456	13,494,046		13,452,076	84,429,828	
1911..	12,358,612	102,010,199	8.3	»	»	»	12,623,261	»	12,623,261		12,623,261	89,392,038	314,955,000
1912..	12,349,943	99,862,179	8.1	»	»	»	»	»	»		»	»	

Superficie totale actuelle................... 2,516,012 kilomètres carrés.

Densité de la population................... 125.2 par kilomètre carré.

Superficie............
- totale............. 251,601,191 hectares.
- productive......... 187,813,168 hectares, soit 74.6 p. o/o.
- improductive....... 63,788,023 hectares, soit 25.4 p. o/o.
- terres labourables .... 117,507,723 hectares, soit 46.7 p. o/o.
- des céréales........ 64,390,416 hectares, soit 54.8 p. o/o des terres labourables.

JAPON.

ANNÉES.	SUPERFICIE CULTIVÉE.	PRODUCTION.	RENDEMENT MOYEN à l'hectare.	IMPORTATIONS BLÉ, en grains.	IMPORTATIONS FARINE convertie, en grains.	TOTAL, en grains.	EXPORTATIONS BLÉ, en grains.	EXPORTATIONS FARINE convertie, en grains.	TOTAL, en grains.	EXCÉDENT des IMPORTATIONS.	EXCÉDENT des EXPORTATIONS.	QUANTITÉ DISPONIBLE représentée par la production plus l'importation moins l'exportation.	POPULATION.
1	2	3	4	5	6	5	8	9	10	11	12	13	14
	hectares.	quintaux.	quint.	quintaux.	quintaux.	quintaux.	quintaux.	quintaux.	quintaux.	quintaux.	quintaux.	quintaux.	
1880..	.479,000	6,146,000	12.8	»	»	»	»	»	»		»	»	
1881..	363,000	2,840,000	7.8	»	»	»	»	»	»		»	»	
1882..	367,000	3,452,000	9.4	»	»	»	»	»	»		»	»	
1883..	372,000	3,320,000	8.9	»	»	»	240,206	»	240,206		240,206	3,079,894	37,452,000
1884..	388,000	3,796,000	9.8	»	»	»	87,583	»	87,583		87,583	3,708,417	
1885..	396,000	3,363,000	8.5	»	»	»	117,270	»	117,270		117,270	3,245,730	
1886..	400,000	4,476,000	11.2	185	»	185	81,893	»	81,893		81,706	4,394,292	
1887..	387,000	4,237,000	10.9	610	»	610	45,428	»	45,428		44,818	4,192,182	
1888..	401,000	4,309,000	10.7	95	»	95	74,958	»	74,958		74,863	4,234,137	
1889..	432,000	4,486,000	10.4	14,958	»	14,958	91,620	»	91,620		76,662	4,409,338	
1890..	454,000	3,419,000	7.5	22,061	»	22,061	39,546	»	39,546		17,485	3,401,515	41,388,000
1891..	425,000	4,972,000	11.7	16,785	»	16,785	17,847	»	17,847		1,062	4,970,938	
1892..	430,000	4,283,000	10.0	12,847	»	12,847	54,926	»	54,926		42,079	4,241,921	
1893..	433,000	4,583,000	10.6	678	»	678	63,521	»	63,521		62,843	4,521,157	
1894..	437,000	5,525,000	12.6	11,111	(1)	11,111	64,879	»	64,879		53,768	5,471,232	
1895..	443,000	5,533,000	12.5	22,277	90,254	112,531	25,369	»	25,369	87,162		5,620,162	
1896..	438,000	4,948,000	11.3	23,263	206,203	229,466	2,723	»	2,723	226,743		5,174,743	
1897..	454,000	5,308,000	11.7	96,112	201,369	297,431	1,088	»	1,088	296,343		5,604,343	
1898..	462,000	5,824,000	12.6	26,870	334,148	370,018	555	»	555	379,463		6,203,463	
1899..	461,000	5,767,000	12.5	18,385	249,409	267,794	826	»	820	266,968		6,033,968	44,261,000
1900..	464,675	5,720,000	12.05	134,102	724,974	859,076	679	»	679	858,397		6,578,397	44,816,000
1901..	483,281	5,906,758	12.20	51,524	541,365	592,889	»	»	»	592,889		6,499,647	45,437,000
1902..	480,177	5,338,571	11.10	51,920	620,100	672,020	»	»	»	672,020		6,010,591	46,022,000
1903..	466,025	2,531,774	5.40	759,378	1,798,769	2,558,147	»	»	»	2,558,147		5,089,921	46,733,000
1904..	454,855	5,209,638	11.50	2,399	1,646,207	1,648,606	»	800	800	1,647,806		6,857,444	47,216,000
1905..	449,731	4,862,068	10.80	6,158	1,583,760	1,577,602	»	446	446	1,577,156		6,430,224	47,674,000
1906..	439,526	5,349,058	12.20	2,131	1,368,708	1,370,839	»	728	728	1,370,111		6,719,169	48,161,000
1907..	410,349	6,011,639	13.70	582,428	1,060,210	1,602,718	520	164	684	1,602,034		7,613,673	48,816,000
1908..	445,865	5,956,801	13.40	356,271	445,676	801,947	163	996	1,159	800,788		6,757,589	49,589,000
1909..	447,645	6,055,570	13.50	210,201	217,650	427,851	200	3,238	3,438	424,411		6,450,981	50,295,000
1910..	471,532	6,457,693	13.70	494,614	20,234	514,848	7,975	8,200	16,184	498,664		6,956,357	50,939,000
1911..	495,079	6,763,284	13.70	»	»	»	»	»	»	»		»	
1912..	505,000	6,055,000	13.90	»	»	»	»	»	»	»		»	

Superficie totale actuelle.................... 453,916 kilomètres carrés.

Densité de la population.................... 117 par kilomètre carré.

(1) Avant 1894, les statistiques ne font aucune distinction entre les diverses espèces de farine.

ANNÉES.	SUPER-FICIE CULTIVÉE.	PRODUC-TION.	RENDEMENT moyen à l'hectare.	IMPORTATIONS. BLÉ, en grains.	IMPORTATIONS. FARINE convertie, en grains.	IMPORTATIONS. TOTAL, en grains.	EXPORTATIONS. BLÉ, en grains.	EXPORTATIONS. FARINE convertie, en grains.	EXPORTATIONS. TOTAL en grains.	EXCÉDENT des IMPORTA-TIONS.	EXCÉDENT des EXPORTA-TIONS.	QUANTITÉ DISPONIBLE représentée par la production plus l'importation moins l'exportation.	POPU-LATION.
1	2	3	4	5	6	7	8	9	10	11	12	13	14
	hectares.	quintaux.	quintaux	quintaux.	quintaux.	quintaux.	quintaux	quintaux.	quintaux.	quintaux.	quintaux.	quintaux.	
1880..		5,500,000		62,625	37,184	99,909	1,350,448	19,720	1,350,168		1,350,259	4,149,741	
1881..		5,500,000		75,234	53,434	128,668	586,443	4,996	591,439		462,771	5,037,229	
1882..		5,500,000		119,269	67,687	186,956	106,452	15,709	122,161	64,795		5,564,795	6,806,381
1883..		5,500,000		71,532	55,134	126,666	8,380	915	9,295	117,371		5,617,371	
1884..		5,500,000		231,373	140,083	371,456	276,762	15,843	292,605	78,851		5,578,851	
1885..		5,500,000		323,497	145,697	469,194	380,013	14,387	394,400	74,794		5,574,794	
1886..		5,500,000		410,040	211,461	621,501	164,377	3,743	168,120	453,381		5,953,881	
1887..		5,587,000		129,411	137,927	267,338	423,715	80,296	504,011		236,673	5,350,327	
1888..		5,842,000		90,633	126,160	216,793	852,880	115,391	968,271		751,478	5,090,522	
1889..		7,500,000		245,191	123,758	368,949	317,131	5,604	322,735	46,214		7,510,214	
1890..		7,500,000		307,836	123,640	431,476	409,820	9,187	419,007	12,469		7,512,469	
1891..		7,500,000		55,837	101,428	157,265	917,495	38,777	956,272		799,007	6,700,993	
1892..		7,500,000		134,873	109,761	244,634	417,408	17,523	434,931		190,297	7,309,703	
1893..		7,500,000		245,105	263,372	508,477	157,524	3,284	160,808	347,669		7,847,669	
1894..		5,000,000		69,102	288,901	358,003	192,222	9,606	201,828	156,175		5,156,175	
1895..		6,000,000		131,704	522,533	654,237	226,098	3,724	229,822	424,415		6,421,415	
1896..		7,500,000		263,102	950,513	1,213,615	112,104	1,006	113,110	1,100,505		8,600,505	
1897..		7,500,000		124,904	801,190	926,094	57,948	3,761	61,709	864,385		8,301,385	9,734,405
1898..	500,420	7,500,000	15.0	67,505	505,768	573,273	81,581	15,021	96,602	476,671		8,976,671	
1899..	521,545	7,500,000	14.8	24,930	502,547	527,477	33,770	12,578	46,348	481,129		7,981,129	10,027,000
1900..	532,474	8,000,000	15.0	111,353	713,864	825,217	13,695	8,233	21,928	803,289		8,803,289	10,176,000
1901..	544,221	8,000,000	14.7	173,376	951,517	1,124,893	7,650	3,091	10,741	1,114,152		9,114,152	10,328,000
1902..	547,246	8,000,000	14.6	112,265	834,928	947,193	21,391	6,086	27,477	922,716		8,922,716	10,482,000
1903..	519,529	8,000,000	15.4	70,366	968,246	1,038,612	48,180	9,123	57,303	981,309		8,981,309	10,638,000
1904..	524,627	8,000,000	15.3	98,932	1,126,194	1,225,126	30,586	7,776	47,302	1,177,764		9,177,764	10,797,000
1905..	495,470	8,000,000	16.1	299,918	1,734,600	2,034,518	37,809	9,506	47,315	1,987,203		9,987,203	10,958,000
1906..	512,574	8,500,000	16.6	194,378	2,139,106	2,333,484	35,028	7,587	42,615	2,290,869		10,790,869	11,122,000
1907..	511,803	8,500,000	16.6	158,186	2,009,724	2,167,910	37,278	18,838	56,116	2,111,794		10,611,794	11,287,000
1908..	490,723	8,500,000	17.3	174,533	2,438,216	2,612,749	33,862	33,291	67,153	2,545,596		11,145,596	11,056,000
1909..	524,791	9,273,559	17.70	47,204	2,434,020	2,481,224	6,052	42,650	49.302	2,431,922		11,705,481	11,626,000
1910..	525,823	8,878,500	16.90	9,181	1,737,198	1,746,379	24,790	55,524	80,314	1,666,065		10,544,565	11,800,000
1911..	519,984	10,354,500	19.90	19,529	2,302,924	2,322,453	133	51,159	51,292	2,271,161		12,625,661	
1912..	538,935	7,878,504	14.60										

Superficie totale actuelle...................... 930,000 kilomètres carrés.

Densité de la population...................... 12.1 par kilomètre carré.

LE CAP.

ANNÉES.	SUPER-FICIE CULTIVÉE.	PRODUC-TION.	RENDEMENT moyen à l'hectare.	IMPORTATIONS. BLÉ, en grains.	IMPORTATIONS. FARINE convertie, en grains.	IMPORTATIONS. TOTAL, en grains.	EXPORTATIONS. BLÉ, en grains.	EXPORTATIONS. FARINE convertie, en grains.	EXPORTATIONS. TOTAL, en grains.	EXCÉDENT des IMPORTA-TIONS.	EXCÉDENT des EXPORTA-TIONS.	QUANTITÉ DISPONIBLE représentée par la production plus l'importation moins l'exportation.	POPU-LATION.
1	2	3	4	5	6	7	8	9	10	11	12	13	14
	hectares.	quintaux.	quintaux.	quintaux.	quintaux.	quintaux.	quintaux.	quintaux.	quintaux.	quintaux.	quintaux.	quintaux.	
	(1)												
1880..		750,000		179,100	125,660	304,760	"	"	"	304,760		1,054,760	
1881..		750,000		189,450	206,500	395,950	"	"	"	395,950		1,145,950	
1882..		750,000		258,150	133,335	391,485	"	"	"	391,485		1,141,485	
1883..		750,000		225,800	214,280	440,080	"	"	"	440,080		1,190,080	
1884..		750,000		195,180	167,800	362,980	"	"	"	362,980		1,112,980	
1885..		750,000		237,520	94,920	332,420	"	"	"	332,420		1,082,420	
1886..		750,000		99,980	5,024	105,004	"	"	"	105,004		855,004	
1887..		974,000		88,680	1,302	89,982	"	"	"	89,982		1,063,982	
1888..		1,037,000		37,230	16,720	53,950	"	"	"	53,950		1,090,950	
1889..		981,200		25,740	5,912	31,652	"	"	"	31,652		1,012,852	
1890..		539,650		269,700	24,772	294,472	"	"	"	294,472		834,122	
1891..		742,100		244,800	24,680	269,480	"	"	"	269,480		1,011,580	1,327,000
1892..		1,060,000		153,250	11,672	167,922	"	"	"	167,922		1,227,922	
1893..		1,060,000		152,650	29,830	182,480	"	"		182,480		1,242,480	
1894..		842,600		175,600	22,850	198,450	"	"	"	198,450		1,041,050	
1895..		676,000		285,700	14,258	299,958	"	"	"	299,958		975,958	
1896..		595,200		779,000	90,120	869,120	"	"	"	869,120		1,464,320	
1897..		573,000		837,200	93,880	931,080	"	"	"	931,080		1,504,080	
1898..		532,810		1,056,100	108,020	1,164,120	"	"	"	1,164,120		1,696,930	
1899..		599,250		824,400	107,220	931,620	"	"	"	931,620		1,530,870	
1900..		550,000		1,051,800	259,000	1,310,800	"	"	"	1,310,800		1,860,800	
1901..		550,000		1,389,200	297,100	1,686,300	"	"	"	1,686,300		2,236,300	2,410,000
1902..		550,000		1,417,500	572,200	1,989,700	"	"	"	1,989,700		2,539,700	
1903..		550,000		2,372,400	541,900	2,914,300	"	"	"	2,914,300		3,564,300	
1904..		405,200											
1905..													
1906..													
1907..													
1908..		505,600											
1909..		595,600											
1910..		638,200											
1911..													
1912..													4,003,000

Superficie totale actuelle...................... 717,517 kilomètres carrés.

Densité de la population...................... 35.7 par kilomètre carré.

(1) La superficie cultivée n'est pas recensée.

CANADA.

ANNÉES	SUPERFICIE CULTIVÉE	PRODUCTION	RENDEMENT MOYEN à l'hectare	IMPORTATIONS BLÉ en grains	IMPORTATIONS FARINE convertie en grains	IMPORTATIONS TOTAL en grains	EXPORTATIONS BLÉ en grains	EXPORTATIONS FARINE convertie en grains	EXPORTATIONS TOTAL en grains	EXCÉDENT des IMPORTATIONS	EXCÉDENT des EXPORTATIONS	QUANTITÉ DISPONIBLE représentée par la production plus l'importation moins l'exportation	POPULATION
1	2	3	4	5	6	7	8	9	10	11	12	13	14
	hectares.	quintaux.	quintaux.	quintaux.	quintaux.	quintaux.	quintaux.	quintaux.	quintaux.	quintaux.	quintaux.	quintaux.	
1880..	900,000	8,500,000	9.44	2,050,100	69,805	2,119,907	3,310,700	989,030	4,305,730		2.185,845	6,311,155	
1881..	957,620	8,804,449	8.77	2,000,500	359,597	2,360,097	2,478,600	800,305	3,278,905		918,908	7,885,541	
1882..	718,420	11,043,000	15.37	798,900	313,981	1,112,881	1,753,500	854,925	2,608,425		1,445,644	9,597,356	4,325,000
1883..	765,800	7,164,000	9.35	1,352,119	482,220	1,834,339	2,925,350	890,064	3,815,614		1,351,275	5,812,725	
1884..	766,080	11,296,000	14.74	992,300	966,762	1,959,062	823,400	359,248	1,182,648	776,414		12,072,414	
1885..	826,400	10,250,000	12.40	863,944	434,611	1,298,555	1,497,999	204,516	1,702,515		403,960	9,846,040	
1886..	747,820	9,086,000	12.14	655,448	273,555	929,003	1,575,872	527,573	2,103,445		1,174,442	7,911,558	
1887..	734,200	8,822,500	12.01	980,687	221,436	1,202,123	2,520,744	674,586	3,195,330		1,993,207	6,829,093	
1888..	693,000	8,979,000	12.95	1,444,917	82,790	1,527,707	2,016,059	451,987	2,468,046		940,339	8,038,661	
1889..	743,800	8,432,000	11.30	476,414	354,813	831,227	493,085	198,584	691,669	139,558		8,571,558	
1890..	1,108,100	10,475,000	9.45	785,731	235,540	1,021,271	712,776	190,454	903,230	118,041		10,593,041	4,833,000
1891.	921,400	15,160,000	16.45	710,206	83,676	793,882	1,253,700	397,880	1,651,580		857,698	14,302,302	
1892..	1,008,000	13,104,000	13.00	1,394,609	69,740	1,464,349	3,772,403	507,397	4,279,800		2,814,931	10,289,049	
1893..	920,200	11,246,000	12.22	1,147,890	67,363	1,215,253	3,592,010	517,537	4,110,147		2,024,894	8,321,100	
1894.	817,100	11,561,000	14.14	1,315,113	111,910	1,427,023	3,916,359	609,970	4,526,329		3,099,306	8,461,094	
1895..	852,600	15,163,000	18.13	1,062,899	188,948	1,251,847	3,299,200	413,183	3,712,383		2,460,536	13,002,464	
1896..	802,600	10,880,000	12.61	1,106,600	181,318	1,287,918	3,302,800	339,094	3,642,894		2,354,976	8,525,024	
1897.	1,045,300	13,500,000	12.91	1,593,000	154,050	1,747,050	3,581,700	765,953	4,347,653		2,630,603	10,840,397	
1898..	1,324,000	13,375,000	11.61	1,203,000	73,990	1,276,990	6,518,000	2,269,104	8,787,104		7,510,114	7,804,886	
1899..	1,404,000	17,100,000	12.39	2,210,700	126,087	2,336,787	4,761,200	1,439,323	6,200,523		3,863,736	13,536,264	
1900..	1,709,700	15,124,650	8.84	1,620,900	100,918	1,721,818	6,120,700	1,385,074	7,505,774		5,783,956	9,340,694	
1901..	1,634,453	27,111,690	14.80	2,294,100	89,721	2,313,821	5,161,000	2,031,671	7,192,671		4,878,850	19,232,840	5,371,000
1902..	1,600,751	26,108,125	16.50	2,385,700	90,784	2,676,484	9,933,300	1,973,461	11,906,761		9,230,277	17,177,818.	
1903..	1,787,212	22,243,892	12.10	1,578,000	61,417	1,639,417	10,629,200	2,338,712	12,967,912		11,328,495	10,915,397	
1904..	1,792,090	19,660,149	11.00	63,000	77,777	140,777	6,237,800	2,883,240	9,120,810		8,980,063	10,680,386	
1905..	2,008,617	29,275,207	11.60	184,500	78,324	262,824	4,047,100	2,399,919	6,447,019		6,184,195	23,091,012	
1906..	2,406,818	37,083,876	15.00	1,581,600	79,841	1,661,441	11,171,000	2,782,291	13,953,291		12,291,830	21,792,026	
1907..	2,466,769	25,374,132	10.30	2,861,500	61,979	2,923,479	13,267,500	1,983,408	15,250,908		12,827,429	12,516,703	
1908..	2,673,036	50,600,038	11.40	3,136,500	78,378	3,214,878	13,392,300	3,564,532	16,956,832		13,741,954	16,858,084	7,082,000
1909..	3,136,432	45,381,047	14.50	1,315,900	71,274	1,387,174	13,536,900	3,156,432	16,753,352		15,366,168	30,014,879	
1910..	3,761,420	40,821,170	10.90	3,138,307	57,828	3,196,135	12,483,300	5,564,580	18,047,580		14,851,745	25,969,425	
1911..	4,196,133	58,546,008	11.0	1,316,745	111,161	1,427,906	12,490,237	5,537,372	18,027,609		16,599,703	41,946,305	
1912..	4,065,911	51,144,732	12.6										

Superficie totale actuelle.......................... 11,405,283 kilomètres carrés.
Densité de la population........................... 0.8 par kilomètre carré.

Superficie..........
- totale............. 965,977,118 hectares.
- productive.......... 25,665,752 hectares, soit 2.7 p. 0/0.
- improductive........ 940,311,366 hectares, soit 97.3 p. 0/0.
- des terres labourables. 8,017,341 hectares, soit 0.82 p. 0/0.
- des céréales......... 4,668,632 hectares, soit 58 0/0 des terres labourables.

CHILI.

ANNÉES.	SUPER-FICIE CULTIVÉE.	PRODUC-TION.	RENDEMENT MOYEN à l'hectare.	IMPORTATIONS. BLÉ, en grains.	IMPORTATIONS. FARINE convertie, en grains.	IMPORTATIONS. TOTAL, en grains.	EXPORTATIONS. BLÉ, en grains.	EXPORTATIONS. FARINE convertie, en grains.	EXPORTATIONS. TOTAL, en grains.	EXCÉDENT des IMPORTA-TIONS.	EXCÉDENT des EXPORTA-TIONS.	QUANTITÉ DISPONIBLE représentée par la production plus l'importation moins l'exportation.	POPU-LATION.
1	2	3	4	5	6	7	8	9	10	11	12	13	14
	quintaux.	quintaux.	quintaux.	quintaux.	quintaux.	quintaux.	quintaux.	quintaux.	quintaux.	quintaux.	quintaux.	quintaux.	
1880..													
1881..													
1882..													
1883..													
1884..													
1885..													
1886..													
1887..													
1888..		5,440,000		»	»	»							
1889..		5,211,000		»	»	»							
1890..		3,917,000		»	»	»	289,280	(1) 30,960	320,240		320,240	3,596,760	2,712,000
1891..		5,277,000		»	»	»	1,780,480	81,920	1,862,400		1,862,400	3,414,600	
1892..		4,896,000		»	»	»	1,458,020	55,580	1,513,600		1,513,600	3,382,400	
1893..		4,352,000		»	»	»	1,859,030	81,171	1,800,820		1,800,820	2,461,180	
1894..		3,765,000		»	»	»	1,162,350	44,570	1,206,920		1,206,920	2,558,080	
1895..		4,787,000		»	»	»	785,810	55,040	800,850		840,850	3,916,150	
1896..		4,352,000		»	»	»	1,375,650	58,640	1,434,290		1,434,290	2,917,710	
1897..		4,012,000		»	»	»	723,940	76,350	840,290		800,290	3,211,710	
1898..		4,875,000		»	»	»	769,650	86,840	856,490		856,490	4,018,510	
1899..		3,262,000		»	»	»	458,410	101,890	560,300		560,300	2,701,700	3,110,000
1900..		3,262,000		»	»	»	94,410	21,680	116,090		116,090	3,145,910	3,128,000
1901..	349,865	3,749,835	10.7	»	»	»	15,680	10,650	26,330		26,330	3,723,505	3,147,000
1902..	268,021	2,725,395	10.2	»	»	»	251,490	35,380	286,870		286,870	2,438,525	3,174,000
1903..	422,487	4,884,713	11.6	»	»	»	538,640	90,600	629,240		629,240	4,255,473	3,200,000
1904..	389,745	3,289,085	8.4	»	»	»	739,850	1,346,000	2,085,850		2,085,850	1,204,135	3,239,000
1905..	365,000	3,308,614	9.1	»	»	»	80,070	1,166,500	1,246,570		1,246,570	2,062,044	3,245,000
1906..	»	»	»	»	»	»	2,150	56,600	58,750		58,750	»	3,258,000
1907..	460,406	5,147,749	11.2	»	»	»	354,320	48,280	402,600		402,600	4,745,149	3,249,000
1908..	556,762	6,011,797	10.8	»	»	»	1,346,490	24,980	1,371,470		1,371,470	4,640,327	3,304,000
1909..	441,780	6,963,527	15.8	»	»	»	1,093,570	91,460	1,185,030		1,185,030	5,778,497	3,330,000
1910..	510,600	6,448,270	12.6	»	»	»							3,353,000
1911..													
1912..													

Superficie totale actuelle...................... 758,206 kilomètres carrés.
Densité de la population...................... 4.3 par kilomètre carré.

Superficie...........
- totale.............. 75,820,600 hectares.
- productive.......... 13,216,010 hectares, soit 17.43 p. o/o.
- improductive........ 62,614,590 hectares, soit 82.57 p. o/o.
- des terres labourables.. 679,716 hectares, soit 0.89 p. o/o.
- des céréales .... 579,857 hectares, soit 85.30 des terres labourables.

(1) Farines de toutes sortes.

ANNÉES.	SUPER-FICIE CULTIVÉE.	PRODUC-TION.	RENDEMENT MOYEN à l'hectare.	IMPORTATIONS. BLÉ, en grains.	FARINE convertie en grains.	TOTAL, en grains.	EXPORTATIONS. BLÉ, en grains.	FARINE convertie en grains.	TOTAL, en grains.	EXCÉDENT des IMPORTA-TIONS.	EXCÉDENT des EXPORTA-TIONS.	QUANTITÉS DISPONIBLES représentée par la production plus l'importation moins l'exportation.	POPU-LATION.
1	2	3	4	5	6	7	8	9	10	11	12	13	14
	hectares.	quintaux.	quint.	quintaux.	quintaux.	quintaux.	quintaux.	quintaux.	quintaux.	quintaux.	quintaux.	quintaux.	
1880..	15,086,320	135,700,000	7.66	126,228	9,341	134,569	41,792,037	10,880,066	52,672,103		52,537,534	83,167,466	
1881..	15,256,860	104,328,000	6.66	54,709	4,337	59,046	41,059,206	13,567,372	54,626,578		54,367,532	49,960,468	
1882..	14,997,100	137,239,000	8.88	230,888	7,559	238,447	25,980,620	10,707,392	36,688,012		36,449,515	100,799,485	
1883..	14,749,000	114,619,000	7.58	293,350	4,539	297,889	29,011,415	16,062,252	45,673,667		45,375,778	69,243,222	50,150,000
1884..	15,971,800	139,573,000	8.49	6,635	3,276	9,911	19,184,176	16,565,591	35,749,767		35,739,856	103,833,144	
1885..	13,824,000	93,871,000	6.79	55,320	1,624	56,944	22,672,296	13,523,142	36,195,438		36,138,494	90,257,506	
1886..	14,891,500	124,454,000	8.00	101,918	1,650	103,568	15,469,302	10,387,635	25,856,937		25,753,369	98,700,631	
1887..	15,229,800	124,212,000	7.90	74,413	1,287	75,700	27,310,535	14,628,430	41,938,965		41,863,265	82,348,735	
1888..	15,106,000	113,192,000	7.25	156,172	3,377	159,549	17,618,943	15,193,738	32,813,681		32,654,132	80,537,868	
1889..	15,424,800	133,530,000	8.23	34,991	1,470	36,461	12,430,818	11,916,714	24,347,532		24,311,071	109,218,929	
1890..	14,600,200	108,679,000	7.25	42,064	1,550	43,614	14,566,340	15,548,251	30,111,600		30,070,986	76,608,014	
1891..	16,150,200	166,536,000	9.90	146,223	10,694	156,917	14,765,658	14,420,231	29,185,889		29,028,972	137,508,028	62,948,000
1892..	13,598,700	140,441,000	8.75	658,741	780	659,521	42,123,453	19,317,264	61,440,717		60,781,196	70,659,904	
1893..	14,003,000	107,827,000	7.45	258,793	521	250,314	31,367,844	21,126,825	52,494,669		52,235,355	55,591,645	
1894..	14,105,000	125,253,000	8.62	316,317	510	316,827	23,679,721	21,430,874	45,110,595		44,793,708	80,489,232	
1895..	15,767,400	127,145,000	8.95	382,984	2,374	385,358	20,382,130	19,408,942	39,791,072		39,405,714	87,739,286	
1896..	13,999,000	110,415,000	8.00	565,117	1,772	566,889	16,243,547	18,568,497	34,812,044		34,245,155	82,169,845	
1897..	15,969,000	144,306,000	8.75	418,354	4,072	422,426	21,696,563	26,370,876	48,067,459		47,645,013	96,660,987	
1898..	17,825,000	183,795,000	9.99	558,105	4,967	563,072	40,422,665	27,783,397	68,206,062		67,642,990	116,152,010	
1899..	18,042,300	148,954,000	8.05	510,249	1,638	511,887	38,023,329	33,459,099	71,482,428		70,970,541	77,983,459	74,318,000
1900..	17,197,900	142,127,600	8.27	86,437	1,298	87,735	27,801,871	33,845,541	61,647,412		61,559,671	80,567,929	76,085,000
1901..	20,192,413	203,701,146	10.01	163,678	1,162	164,840	36,012,944	33,758,272	69,771,216		69,600,376	134,094,770	77,613,000
1902..	18,697,659	182,364,346	9.80	32,345	760	33,105	42,229,259	32,144,157	74,373,416		74,340,311	108,024,037	79,231,000
1903..	20,017,977	173,589,591	8.70	293,814	1,088	294,902	31,137,273	35,686,836	66,824,109		66,529,207	107,060,354	80,849,000
1904..	17,836,661	150,341,053	8.40	1,869	84,800	87,669	12,061,507	30,768,972	42,830,539		42,743,870	107,597,183	82,466,000
1905..	19,366,067	188,601,298	9.70	846,075	73,850	919,925	1,198,353	25,975,666	17,174,019		16,254,094	172,347,204	84,085,000
1906..	19,144,196	200,108,625	10.05	15,815	82,018	97,833	9,537,216	25,193,477	34,730,693		34,032,860	155,475,765	85,703,000
1907..	18,296,440	172,573,118	9.40	102,381	86,341	188,722	20,880,482	28,208,247	49,088,729		48,900,007	123,673,111	87,321,000
1908..	19,245,843	180,878,080	9.40	93,159	71,663	164,822	27,371,187	25,208,317	62,579,504		62,414,682	118,463,398	88,939,000
1909..	17,911,984	185,980,536	10.40	11,180	165,857	177,037	18,213,830	18,938,069	37,161,919		36,974,882	149,005,654	90,557,000
1910..	18,486,644	172,854,532	9.40	44,689	260,566	305,255	12,704,395	16,273,776	28,978,171		28,672,916	144,181,616	92,027,000
1911..	20,049,557	169,100,554	8.40	138,649	254,847	393,496	6,458,166	18,232,983	24,691,151		24,297,655	144,802,899	
1912..	18,188,792	185,065,800	10.20										

Superficie totale actuelle...................... 7,835,995 kilomètres carrés.

Densité de la population...................... 11.7 par kilomètre carré.

Superficie.......... { totale............. 783,599,500 hectares.
{ terres labourables..... 167,742,524 hectares, soit 21.24 p. 0/o.
{ des céréales.......... 80,306,000 hectares, soit 47.71 p. 0/o des terres labourables.

ANNÉES.	SUPER-FICIE CULTIVÉE.	PRODUC-TION.	RENDEMENT MOYEN à l'hectare.	IMPORTATIONS.			EXPORTATIONS.			EXCÉDENT		QUANTITÉ DISPONIBLE représentée par la production plus l'importation moins l'exportation.	POPU-LATION.
				BLÉ, en grains.	FARINE convertie, en grains.	TOTAL, en grains.	BLÉ, en grains.	FARINE convertie, en grains.	TOTAL, en grains.	des IMPORTA-TIONS.	des EXPORTA-TIONS.		
1	2	3	4	5	6	7	8	9	10	11	12	13	14
	hectares.	quintaux.	quint.	quintaux.	quintaux.	quintaux.	quintaux.	quintaux.	quintaux.	quintaux.	quintaux.	quintaux.	
1880..													
1881..													
1882..													
1883..													
1884..													
1885..													
1886..													
1887..													
1888..													
1889..													
1890..													
1891..													
1892..													
1893..													
1894..													
1895..													
1896..													
1897 .		2,639,570		18,190	55,400	73,590	»	70	70	73,520	»	2,713,390	
1898..		2,391,861		20,800	37,740	67,510	47,130	45,940	93,379	»	25,839	2,366,022	
1899..		2,527,495		32,550	52,520	85,070	1,033	42	1,075	83,995	»	2,611,490	
1900..		3,382,639		35,950	52,390	88,340	200	5	205	88,075	»	3,470,714	
1901..		3,271,590		35,580	75,150	111,030	»	117,760	117,760	»	6,730	3,264,860	13,607,000
1902..		2,298,027		298,610	»	298,610	»	»	»	298,610	»	2,000,317	
1903..		2,855,614		421,800	»	421,800	»	»	»	421,800	»	3,277,411	
1904..		5,030,718		272,970	»	272,970	»	»	»	272,970	»	776,688	
1905..		5,955,315		52,790	»	52,790	»	»	»	52,790	»	6,008,105	
1906..		3,120,995		»	59,090	59,090	»	»	»	59,090	»	3,180,085	
1907..		»		»	»	»	»	»	»	»	»	»	
1908..		»		»	»	»	»	»	»	»	»	»	15,063,000
1909..		2,574,458		768,500	65,180	833,680	»	265,300	265,300	568,380	»	3,142,838	
1910..		6,413,937		1,403,900	»	1,403,900	»	»	»	1,403,900	»	7,817,837	
1911..		»		»	»	»	»	»	»	»	»	»	
1912..		»		»	»	»	»	»	»	»	»	»	

Superficie totale actuelle...................... 1,987,201 kilomètres carrés.

Densité de la population...................... 7.6 par kilomètre carré.

RÉPUBLIQUE ARGENTINE.

ANNÉES.	SUPER-FICIE CULTIVÉE.	PRODUC-TION.	RENDEMENT MOYEN à l'hectare.	IMPORTATIONS.			EXPORTATIONS.			EXCÉDENT		QUANTITÉ DISPONIBLE représentée par la production plus l'importation moins l'exportation.	POPU-LATION.
				BLÉ, en grains.	FARINE convertie, en grains.	TOTAL, en grains.	BLÉ, en grains.	FARINE convertie, en grains.	TOTAL, en grains.	des IMPORTA-TIONS.	des EXPORTA-TIONS.		
1	2	3	4	5	6	7	8	9	10	11	12	13	14
	quintaux.	quintaux.	quintaux	quintaux.	quintaux.	quintaux.	quintaux.	quintaux.	quintaux.	quintaux.	quintaux.	quintaux.	
1880 .		8,500,000		185,810	18,089	203,899	11,660	19,249	30,909	170,990		8,670,990	
1881 .		8,500,000		124,790	28	124,818	1,570	18,404	19,974	104,844		8,604,844	
1882..		8,500,000		1,900	«	1,900	17,050	7,850	24,900		23,000	8,477,000	
1883..		8,500,000		2,300	»	2,300	607,550	69,269	676,819		674,519	7,925,851	
1884..		8,500,000		»	1,675	1,675	1,084,990	53,396	1,138,386		1,136,713	7,363,287	
1885..		8,500,000		160	43	203	784,930	106,492	891,422		891,219	7,608,781	
1886..		8,500,000		40	200	240	378,650	75,247	453,897		453,657	8,046,343	
1887..		8,500,000		420	71	491	2,378,660	77,234	2,455,894		2,455,403	6,044,597	
1888..	824,000	6,328,000	7.9	880	171	1,051	1,789,230	91,406	1,880,636		1,879,585	4,648,415	
1889..		8,704,000		30,510	872	31,382	228,060	48,062	276,122		244,740	8,459,260	
1890..	1,202,200	8,450,000	7.0	13,060	314	13,374	3,278,940	171,857	3,450,797		3,437,423	5,012,600	4,015,000
1891..	1,320,000	9,800,000	7.4	2,210	»	2,210	3,955,350	120,514	4,075,864		4,073,654	5,727,300	
1892..	1,600,000	15,930,000	9.0	50	71	121	4,701,100	269,540	4,970,640		4,970,519	10,969,500	
1893..	1,840,000	22,380,000	12.1	950	»	950	10,081,370	542,270	10,623,640		10,622,690	11,752,300	
1894..	2,000,000	16,700,000	8.3	10	200	210	16,082,490	582,839	16,665,329		16,665,119	34,881	
1895..	2,260,000	12,630,000	5.6	30	28	58	10,102,690	771,270	10,873,960		10,873,902	1,756,100	
1896..	2,500,000	8,600,000	3.4	3,200	71	3,271	5,320,010	739,768	6,059,778		6,056,507	2,343,500	
1897..	2,600,000	14,530,000	5.6	144,060	5,091	149,151	1,018,450	592,634	1,611,084		1,461,933	13,068,100	
1898.	3,200,000	28,570,000	8.9	3,680	1,587	5,267	6,451,610	456,641	6,908,251		6,902,984	21,667,000	
1899..	3,230,000	27,660,000	8.5	»	2,631	2,631	17,134,290	850,335	17,984,625		17,981,994	9,678,000	4,400,000
1900..	3,380,000	20,314,000	6.0	»	243	243	19,295,576	732,203	20,027,779		20,027,536	316,500	4,512,000
1901..	3,296,086	15,344,050	4.7	»	715	715	9,042,890	1,025,910	10,068,800		10,068,085	5,276,050	4,625,000
1902..	3,695,343	28,238,530	7.6	»	5	5	6,449,080	558,272	7,007,352		7,007,347	21,231,183	4,742,000
1903..	4,320,000	35,291,000	8.2	»	»	»	16,813,270	1,029,314	17,842,584		17,842,584	17,448,416	4,860,000
1904..	4,903,124	41,026,000	8.4		»	»	23,047,240	1,534,361	24,581,601		24,581,601	16,444,399	4,982,000
1905..	5,675,203	30,722,310	6.5	»	»	»	28,682,810	2,070,068	30,752,878		30,752,878	5,969,432	5,106,378
1906..	5,692,268	42,454,340	7.5	»	»	»	22,479,880	1,844,700	24,325,580		24,325,580	18,128,760	5,378,000
1907..	5,759,987	52,387,050	9.1	»	»	»	26,808,020	1,023,000	26,631,000		28,631,000	23,756,050	5,546,000
1908..	6,063,100	42,500,860	7.0	»	»	»	36,362,940	1,823,000	37,985,940		37,985,940	4,514,920	5,713,000
1909..	5,836,550	35,655,560	6.1	»	»	»	25,141,130	1,666,000	26,807,330		26,807,330	8,848,230	5,889,000
1910..	6,253,180	39,730,000	6.4	»	»	»	18,835,920	1,650,200	20,586,120		20,586,120	19,143,880	
1911..	4,953,000	37,100,000	7.5										
1912..	6,897,000	46,420,000	6.7										

Superficie totale actuelle................... 2,962,350 kilomètres carrés.
Densité de la population................... 2.4 par kilomètre carré.

Superficie...........
- totale .... 293,255,100 hectares.
- productive......... 217,647,000 hectares, soit 73.7 p. o/o.
- improductive .... 77,608,100 hectares, soit 26.3 p. o/o.
- des terres labourables.. 17,987,094 hectares, soit 6.10 p. o/o.
- des céréales .... 9,521,096 hectares, soit 52.9 p. o/o des terres labourables.

PÉROU.

ANNÉES.	SUPER-FICIE CULTIVÉE.	PRODUC-TION.	RENDEMENT MOYEN à l'hectare.	IMPORTATIONS.			EXPORTATIONS.			EXCÉDENT		QUANTITÉ DISPONIBLE représentée par la production plus l'importation moins l'exportation.	POPU-LATION.
				BLÉ, en grains.	FARINE convertie, en grains.	TOTAL, en grains.	BLÉ, en grains.	FARINE convertie, en grains.	TOTAL, en grains.	des IMPORTA-TIONS.	des EXPORTA-TIONS.		
1	2	3	4	5	6	7	8	9	10	11	12	13	14
	quintaux.	quintaux.	quintaux	quintaux.	quintaux.	quintaux.	quintaux.	quintaux.	quintaux.	quintaux.	quintaux.	quintaux.	
1880..													
1881..													
1882..													
1883..													
1884..													
1885 .													
1886..													
1887..													
1888..													
1889..													
1890..													
1891..													
1892..													
1893..													
1894..													
1895..													
1896..													
1897..													
1898..													
1899..													
1900..													
1901..													
1902..				347,270	(1) 3,847								
1903..				414,300	14,902								
1904..				417,460	30,549								
1905..				475,570	27,060								
1906..				532,110	25,670								
1907..				481,430	24,130								
1908..		1,500,000		502,010	23,750								
1909..	80,000	780,000	9.7	538,130	27,040								4,560,000
1910..	75,000	1,500,000	20.0										
1911..													
1912..													

Superficie totale actuelle .... 1,769,804 kilomètres carrés..

Densité de la population .... 2.6 par kilomètre carré.

(1) Farines de toutes sortes.

URUGUAY.

ANNÉES.	SUPER-FICIE CULTIVÉE.	PRODUC-TION.	RENDEMENT MOYEN à l'hectare.	IMPORTATIONS.			EXPORTATIONS.			EXCÉDENT		QUANTITÉ DISPONIBLE représentée par la production plus l'importation moins l'exportation.	POPU-LATION.
				BLÉ, en grains.	FARINE convertie, en grains.	TOTAL, en grains.	BLÉ, en grains.	FARINE convertie, en grains.	TOTAL, en grains.	des IMPORTA-TIONS.	des EXPORTA-TIONS.		
1	2	3	4	5	6	7	8	9	10	11	12	13	14
	quintaux.	quintaux.	quintaux.	quintaux.	quintaux.	quintaux.	quintaux.	quintaux.	quintaux.	quintaux.	quintaux.	quintaux.	
1880..													
1881..													
1882..													
1883..		850,000		12,120	»	12,120	750	»	750	11,370		801,370	
1884..		850,000		4,160	»	4,160	800	»	800	3,360		853,360	
1885..		850,000		181	494	675	20,099	29,363	149,962		149,287	700,713	
1886..		850,000		13,308	410	14,718	34,597	55,444	290,041		276,323	573,677	
1887..		850,000		2	151	153	28,492	180,397	208,889		208,736	641,264	
1888..	»	816,000		2	13	15	101,476	264,363	365,859		365,844	450,156	
1889..	»	544,000		370,782	53,129	423,913	19,323	1,875	20,198	403,715		947,715	
1890..	»	1,088,000		198,669	46,034	245,703	182,535	8,332	190,867	64,836		1,152,836	
1891..	»	979,000		13,035	8,240	21,275	50	11,542	11,592	9,683		988,683	
1892..	159,216	905,302	5.7	11,376	2,323	13,699	11	3,204	3,215	10,484		915,786	
1893..	207,392	1,567,578	7.5	7,187	164	7,351	58,980	221,229	280,209		272,678	1,294,900	
1894..	203,796	2,450,760	12.0	238	87	325	1,107,535	715,221	1,822,756		1,822,431	628,338	
1895..	»	2,720,000	»	316	37	353	999,646	480,568	1,470,234		1,469,881	1,250,119	
1896..	»	2,176,000	»	75	30	78	63,906	360,291	430,197		430,119	1,745,881	
1897..	»	2,500,000	»	4,360	30	4,390	125,490	163,630	289,120		284,730	2,215,270	
1898..	»	2,500,000	»	300	60	360	772,310	161,373	933,683		933,323	1,566,677	
1899..	274,446	3,262,000	11.9	»	37	37	626,730	294,657	921,387		921,350	2,340,650	893,000
1900..	377,766	4,350,000	11.5	»	37	37	393,720	258,979	657,090		657,062	3,692,338	936,000
1901..	292,616	2,069,367	7.1	42,380	322	42,702	2,480	2,499	4,979	37,723		2,107,090	965,000
1902..	265,638	1,426,115	5 4	990	59	1,049	557,990	118,151	676,141		675,092	751,023	900,000
1903..	»	1,800,000	»	1,130	116	1,246	90,050	10,110	100,160		98,914	1,701,086	1,019,000
1904..	260,770	2,058,880	7.9	10	117	127	58,950	39,738	98,688		98,561	1,960,319	1,038,000
1905..	288,468	1,253,442	4.3	180	126	306	540,420	70,584	611,004		610,698	642,744	1,071,000
1906..	252,258	1,808,844	7.4	2,870	172	3,042	2,640	7,384	10,024		6,982	1,801,862	1,103,000
1907..	247,606	2,022,080	8.2	14	110	124	501,766	95,053	596,819		596,695	1,425,385	1,141,000
1908..	276,787	2,339,100	8.5	30	82	112	501,766	95,149	596,915		596,803	1,742,297	1,042,000
1909..	»	1,891,550	6.9	»	»	»	719,699	122,466	842,165		842,165	1,049,385	1,095,000
1910..	257,609	1,625,438	6.3	»	»	»	39,266	125,928	165,194		165,194	1,460,214	
1911..													
1912..													

Superficie totale actuelle.................... 186,925 kilomètres carrés.

Densité de la population.................... 5.6 par kilomètre carré.

AUSTRALIE.

ANNÉES.	SUPER-FICIE CULTIVÉE.	PRODUC-TION.	RENDEMENT MOYEN à l'hectare.	IMPORTATIONS. BLÉ, en grains.	IMPORTATIONS. FARINE convertie en grains.	IMPORTATIONS. TOTAL, en grains.	EXPORTATIONS. BLÉ, en grains.	EXPORTATIONS. FARINE convertie en grains.	EXPORTATIONS. TOTAL, en grains.	EXCÉDENT des IMPORTA-TIONS.	EXCÉDENT des EXPORTA-TIONS.	QUANTITÉ DISPONIBLE représentée par la production plus l'importation moins l'exportation.	POPU-LATION.
1	2	3	4	5	6	7	8	9	10	11	12	13	14
	quintaux.	quintaux.	quintaux	quintaux.	quintaux.	quintaux.	quintaux.	quintaux.	quintaux.	quintaux.	quintaux.	quintaux.	
1880..	1,366,851	8,582,000	6.5										
1881..	1,302,906	8,095,000	6.2										
1882..	1,492,414	8,645,000	6.4										
1883..	1,496,563	12,395,000	8.5										
1884..	1,481,028	10,167,000	6.8										
1885..	1,396,242	7,165,930	5.5	240,511	1,336,754	1,577,565	3,474,181	1,685,921	5,160,102		3,582,537	3,585,393	
1886..	1,347,667	8,784,948	6.5	445,654	1,477,211	1,922,865	700,843	1,462,916	2,169,759		226,894	8,535,054	
1887..	1,056,093	5,026,890	3.0	207,610	1,746,110	1,953,720	1,299,362	1,937,237	3,236,599		1,282,870	3,743,921	
1888..	1,502,939	6,745,090	4.6	522,409	1,648,701	2,171,110	3,699,464	1,863,234	5,532,698		3,391,586	3,353,412	
1889..	1,506,290	10,576,000	6.7	920,414	1,624,504	2,544,918	1,176,829	1,595,000	2,771,829		226,911	10,349,089	
1890..	1,431,425	8,748,000	6.1	248,400	1,470,701	1,719,101	3,540,020	1,818,825	5,359,445		3,640,344	5,107,656	
1891..	1,512,650	9,884,000	6.5	2,529,061	1,433,821	3,962,882	2,123,707	952,832	3,076,539	886,342		10,770,343	3,174,000
1892..	1,547,110	11,226,000	7.2	2,420,109	1,259,201	3,679,319	2,158,881	241,432	3,100,313	578,997		11,806,997	
1893..	1,685,775	11,045,000	6.5	2,571,270	900,805	3,472,075	3,247,496	626,450	3,873,946		401,371	10,643,629	
1894..	1,557,706	8,626,000	5.5	2,650,236	994,547	3,644,803	3,818,405	871,011	4,118,100		477,902	8,148,098	
1895..	1,530,031	6,044,000	4.8	(1)									
1896..	1,800,057	6,093,000	3.4	(1)									
1897..	1,891,421	6,450,000	3.4	(1)									
1898..	2,381,050	9,750,000	4.0	(1)									
1899..	2,386,912	15,225,000	6.4	74,960	210,600	285,560	3,016,000	339,100	3,355,100		3,069,540	18,294,540	
1900..	2,377,431	15,225,000	6.2	28,170	63,520	91,690	2,964,000	1,022,800	3,986,800		3,895,110	19,120,110	
1901..	2,070,329	10,494,030	5.1	6,260	87,940	24,200	5,514,000	1,406,800	6,920,800		6,826,600	17,321,530	3,773,000
1902..	2,056,559	3,305,815	1.6	47,945	160,850	208,795	2,449,000	482,100	2,931,100		2,722,305	6,091,120	
1903..	2,252,586	20,180,564	9.0	2,480,000	1,015,000	3,495,000	410,500	1,169,400	1,585,900	1,009,100		22,039,664	
1904..	2,537,254	14,842,494	5.8	168	16,910	17,078	9,072,000	1,524,000	10,596,000		10,578,922	4,263,482	
1905..	2,477,753	18,648,013	7.5	70	26,140	16,210	6,706,000	2,242,800	8,948,800		8,932,590	9,716,020	
1906..	2,420,871	18,077,237	7.5	202	12,730	12,932	8,236,000	2,425,200	10,659,200		10,646,268	7,430,969	
1907..	2,175,761	12,153,488	5.6	547	5,410	5,957	7,822,000	2,374,000	10,196,000		10,190,043	1,963,445	
1908..	2,129,618	17,034,765	8.0	38	2,580	2,618	4,089,000	1,697,000	5,786,000		5,783,382	11,251,383	
1909..	2,665,318	24,606,965	9.2	34	1,160	1,194	8,584,000	1,887,000	10,471,000		10,469,806	14,137,159	
1910..	2,983,465	25,885,677	8.7	88	2,499	2,587	1,299,800	2,032,500	3,332,300		3,329,713	22,535,984	
1911..	2,981,000	25,885,000	8.7										4,449,000
1912..	2,919,000	20,508,000	7.0										

Superficie totale actuelle.................... 7,702,272 kilomètres carrés.
Densité de la population.................... 0.6 par kilomètre carré.

Superficie..........
{ totale.............. 770,227,200 hectares.
{ des terres labourables. 3,785,990 hectares, soit 4.91 p. o/o.
{ des céréales........ 2,594,849 hectares, soit 68.54 p. o/o des terres labourables.

(1) De 1895 à 1899, les statistiques sont publiées par États, il n'a pas été possible de faire le calcul des exportations et des importations du Commonwealth.

NOUVELLE-ZÉLANDE.

ANNÉES.	SUPER-FICIE CULTIVÉE.	PRODUC-TION.	RENDEMENT MOYEN à l'hectare.	IMPORTATIONS.			EXPORTATIONS.			EXCÉDENT		QUANTITÉ DISPONIBLE représentée par la production plus l'importation moins l'exportation.	POPU-LATION.
				BLÉ, en grains.	FARINE convertie, en grains.	TOTAL, en grains.	BLÉ, en grains.	FARINE convertie, en grains.	TOTAL, en grains.	des IMPORTA-TIONS.	des EXPORTA-TIONS.		
1	2	3	4	5	6	7	8	9	10	11	12	13	14
	quintaux.	quintaux.	quintaux.	quintaux.	quintaux.	quintaux.	quintaux.	quintaux.	quintaux.	quintaux.	quintaux.	quintaux.	
1880..	131,510	2,221,680	16.8	"	"	"	843,800	"	843,800		843,800	1,377,880	
1881..	148,080	2,825,750	19.1	"	"	"	1,023,800	"	1,023,800		1,023,800	1,201,950	
1882..	161,100	2,279,500	14.1	"	"	"	867,410	"	867,410		867,410	1,412,090	
1883..	152,900	2,267,400	14.8	"	"	"	1,332,400	"	1,332,400		1,332,400	935,000	
1884..	109,500	1,866,800	17.0	"	"	"	736,420	"	736,420		736,420	1,130,380	
1885..	70,400	1,154,000	16.4	"	"	"	369,900	"	369,900		369,900	784,100	
1886..	102,420	1,713,000	16.7	"	"	"	340,500	"	340,500		340,500	1,372,500	
1887..	144,640	2,564,800	17.7	"	"	"	171,550	"	171,550		171,550	2,393,250	
1888..	146,600	2,386,500	16.3	"	"	"	627,800	"	627,800		627,800	1,758,700	
1889..	136,400	2,299,200	16.8	"	"	"	733,200	"	733,200		733,200	1,566,000	
1890..	122,060	1,557,800	12.7	"	"	"	1,215,800	"	1,215,800		1,215,800	342,000	
1891..	163,010	2,792,000	17.9	"	"	"	395,750	"	395,750		395,750	2,390,850	627,000
1892..	154,300	2,280,000	14.8	"	"	"	669,400	"	669,400		669,400	1,610,600	
1893..	98,260	1,331,000	13.5	"	"	"	712,800	"	712,800		712,800	618,200	
1894..	60,160	982,900	16.3	"	"	"	622,850	"	622,850		622,850	360,060	
1895..	99,380	1,862,500	18.7	"	"	"	3,963	"	3,963		3,963	1,858,537	
1896..	114,000	1,612,400	14.1	"	"	"	123,300	"	123,300		123,300	1,489,110	
1897..	140,060	1,545,000	11.5	"	"	"	196,400	"	196,400		196,400	1,340,600	
1898..	163,020	3,557,600	21.8	"	"	"	2,960	"	2,960		2,960	3,554,010	
1899..	109,480	2,355,000	21.5	"	"	"	789,200	"	789,200		789,200	1,545,800	
1900..	81,250	1,775,800	21.1	"	"	"	780,200	"	780,200		780,200	995,600	
1901..	66,150	1,101,320	16.6	"	"	"	626,200	"	626,200		626,200	475,120	773,000
1902..	78,052	2,029,746	25.8	"	"	"	52,980	"	52,980		52,980	1,976,766	
1903..	93,216	2,147,793	23.0	"	"	"	19,510	"	19,510		19,510	2,128,283	
1904..	104,414	2,483,099	23.8	"	"	"	221,350	"	221,350		221,350	2,261,749	
1905..	89,913	1,850,398	20.6	"	"	"	263,240	"	263,240		263,240	1,587,158	
1906..	83,439	1,525,525	18.3	"	"	"	16,640	"	16,640		16,640	1,308,885	
1907..	78,116	1,515,153	10.4	"	"	"	370	"	370		370	1,514,783	
1908..	102,138	2,387,603	23.4	"	"	"	370	"	370		370	2,387,233	
1909..	125,855	2,390,408	19.0	"	"	"	386,250	"	386,250		386,250	2,004,158	
1910..	130,121	2,251,832	17.3	"	"	"	352,200	"	352,200		352,200	1,899,632	
1911..	130,375	2,256,267	17.3										1,008,000
1912..	87,218	2,154,285	24.7										

Superficie totale actuelle.................... 270,588 kilomètres carrés.
Densité de la population..................... 3.7 par kilomètre carré.

Superficie
- totale.............. 27,058,825 hectares.
- productive............. 17,943,198 hectares, soit 66.31 p. o/o.
- improductive.......... 9,115,627 hectares, soit 33.69 p. o/o.
- des terres labourables.. 2,719,355 hectares, soit 10.05 p. o/o.
- des céréales.......... 300,419 hectares, soit 11.09 p. o/o des terres labourables.

IIE PARTIE.

TABLEAUX RÉCAPITULATIFS POUR LE MONDE ENTIER.

ANNÉES.	ALLEMAGNE.	AUTRICHE-HONGRIE.	BELGIQUE.	BULGARIE.	DANEMARK.	ESPAGNE.	FRANCE.	GRANDE-BRETAGNE et IRLANDE.	GRÈCE.	ITALIE.	NORVÈGE.	PAYS-BAS.	PORTUGAL.	ROUMANIE.	RUSSIE D'EUROPE et D'ASIE.	SERBIE.	SUÈDE.
1	2	3	4	5	6	7	8	9	10	11	12	13	14	15	16	17	18
	quintaux.	quintaux.	quintaux.	quintaux.	quintaux.	quintaux.	quintaux.	quintaux.	quintaux.	quintaux.	quintaux.	quintaux.	quintaux.	quintaux.	quintaux.	quintaux.	quintaux.
1880.	23,453,000	35,205,600	5,005,406	»	1,388,600	20,000,000	75,504,773	20,673,754	»	30,624,000	41,200	1,556,040	1,800,000	»	190,500,000	»	931,750
1881.	20,591,000	34,303,751	5,263,149	»	755,300	20,000,000	75,676,355	19,610,807	»	27,408,270	37,110	1,240,547	1,800,000	»	190,500,000	»	655,500
1882.	25,534,000	40,490,550	4,395,000	»	1,217,100	20,000,000	93,482,716	22,316,417	»	40,887,157	53,200	1,442,000	1,800,000	»	190,500,000	»	936,000
1883.	23,509,000	33,916,033	4,575,000	»	1,227,100	20,000,000	79,261,591	20,976,585	»	31,525,000	45,600	1,492,000	1,800,000	»	190,500,000	»	804,000
1884.	24,789,000	39,835,000	4,535,000	»	1,278,600	20,000,000	85,234,081	23,267,400	»	33,895,000	54,920	1,562,000	1,800,000	»	258,562,000	»	996,750
1885.	25,993,000	43,507,500	4,720,000	7,500,000	1,395,100	20,000,000	85,181,197	22,581,000	»	32,170,000	60,000	1,678,000	1,800,000	»	172,378,200	»	1,050,750
1886.	26,064,000	41,528,000	4,700,000	7,200,000	1,265,700	20,200,000	82,357,585	17,963,400	»	32,930,000	57,210	1,388,000	1,800,000	»	155,403,400	»	1,002,250
1887.	28,308,000	55,610,000	5,082,000	6,950,000	1,457,400	19,700,000	87,094,082	21,613,800	»	34,698,000	66,000	1,820,000	1,800,000	»	132,800,000	»	1,155,000
1888.	25,708,000	52,865,000	4,235,000	8,225,000	895,206	18,705,000	71,960,693	21,122,400	1,360,000	30,264,000	66,480	1,390,000	1,871,000	14,259,000	101,002,000	2,246,000	1,058,500
1889.	23,784,000	37,205,000	5,380,000	6,800,000	1,142,200	29,565,320	83,230,671	21,512,400	1,458,000	29,945,000	57,480	1,715,000	2,243,000	13,743,000	103,886,000	2,403,099	1,006,500
1890.	28,300,000	54,159,000	6,115,000	6,735,000	1,027,760	21,414,120	89,733,991	21,543,600	1,875,000	36,130,000	75,880	1,438,000	2,320,000	10,765,000	101,170,110	1,801,600	1,000,510
1891.	23,538,000	50,786,650	4,663,000	10,456,000	1,136,100	20,228,520	58,508,807	21,192,000	1,497,000	38,885,000	71,900	919,000	1,741,000	13,328,000	90,776,000	2,176,000	1,163,820
1892.	31,620,000	51,564,000	5,329,000	11,015,000	1,150,600	23,329,800	84,567,242	17,230,200	1,066,000	31,798,000	71,900	1,426,000	1,893,000	19,829,000	125,0 8,000	3,025,000	1,169,800
1893.	29,948,000	57,552,000	4,736,000	9,999,000	1,030,400	27,009,060	75,592,225	14,437,809	1,901,000	37,170,000	64,470	1,353,000	1,632,000	16,697,000	154,836,000	2,374,821	1,039,750
1894.	30,123,000	54,900,000	4,812,000	7,072,000	888,300	20,841,970	93,671,456	17,211,600	1,262,000	33,423,000	72,190	1,102,000	1,523,000	11,081,000	151,201,000	2,176,070	1,166,850
1895.	28,076,000	57,734,000	5,148,000	8,704,000	941,000	24,332,670	92,423,606	10,857,600	1,088,000	32,369,000	60,160	1,141,000	1,850,000	18,929,000	139,588,000	2,393,000	981,000
1896.	30,081,000	53,741,000	5,193,000	10,880,000	1,044,400	19,761,230	92,606,743	16,512,600	1,306,000	39,920,000	76,300	1,380,000	1,523,000	19,560,000	127,920,000	2,176,070	1,293,240
1897.	29,133,000	33,125,000	3,289,000	7,875,000	951,457	25,288,000	65,924,096	15,958,800	637,000	23,891,000	75,300	1,143,000	1,875,000	10,019,000	132,300,000	3,044,570	1,285,410
1898.	36,076,000	50,746,000	3,867,000	9,251,000	847,534	34,047,000	93,312,290	21,230,000	900,000	37,752,000	72,170	1,334,000	2,250,000	16,068,000	129,000,000	2,643,419	1,235,760
1899.	38,471,000	34,570,000	2,977,000	5,887,000	1,071,097	26,592,000	93,459,890	19,065,400	1,631,000	37,908,000	60,180	1,381,000	1,087,000	7,164,000	138,962,000	3,185,878	1,251,900
1900.	38,412,000	52,571,000	3,752,000	10,875,000	1,092,488	27,406,791	88,598,900	14,784,057	1,631,000	36,761,400	58,159	1,241,084	1,087,000	15,634,800	136,875,000	2,214,070	1,497,803
1901.	24,958,510	47,622,304	3,819,052	8,700,000	266,585	37,259,436	84,017,540	14,676,728	1,413,000	45,210,000	86,651	1,133,160	1,305,000	19,399,760	116,422,759	2,265,087	1,132,535
1902.	39,003,950	63,201,534	3,052,990	10,875,000	1,233,830	36,339,015	89,240,038	15,860,798	1,631,000	37,440,000	71,917	1,367,240	1,631,000	21,514,780	165,298,615	3,104,922	1,240,474
1903.	35,550,640	60,641,786	3,361,067	9,675,405	1,214,472	35,102,434	98,784,618	13,286,301	1,500,000	50,700,000	83,383	1,140,000	1,600,000	20,501,970	169,133,131	2,962,501	1,502,732
1904.	35,048,280	54,600,052	3,760,332	11,496,405	1,165,861	25,957,347	81,549,339	10,320,078	1,500,000	46,077,902	57,612	1,184,840	1,600,000	15,102,850	181,450,739	3,177,734	1,393,360
1905.	36,098,820	61,268,313	3,374,980	9,511,638	1,107,496	25,175,503	91,128,925	16,419,864	1,500,000	44,117,754	80,277	1,298,840	1,600,000	28,511,180	173,168,141	3,064,913	1,519,770
1906.	39,395,630	72,397,403	3,528,088	10,643,719	1,133,127	38,280,377	89,457,681	16,497,642	1,500,000	48,504,627	82,270	1,323,920	1,600,000	30,561,500	187,911,010	3,505,031	1,651,010
1907.	44,190,210	49,417,337	4,309,580	6,407,056	1,182,552	27,305,739	103,753,000	15,385,275	1,500,000	48,801,381	78,756	1,125,760	1,600,000	11,648,100	155,283,518	2,279,359	1,659,530
1908.	37,677,670	61,930,329	3,644,901	9,932,513	1,175,702	32,650,381	86,188,030	15,117,306	1,500,000	41,845,206	80,551	1,371,610	1,600,000	15,108,640	170,831,014	3,128,412	1,907,100
1909.	37,557,470	49,035,838	3,974,430	8,728,359	1,012,690	39,218,885	97,752,200	17,485,982	1,500,000	51,813,000	85,009	1,113,611	1,600,000	16,022,510	230,288,087	4,388,875	1,880,710
1910.	38,614,790	64,970,577	3,388,000	11,497,982	1,238,187	37,407,517	68,806,100	15,839,127	1,500,000	41,750,000	79,707	1,173,644	1,600,000	29,273,811	227,587,212	3,480,059	2,070,000
1911.	40,663,350	67,805,628	3,978,000	19,596,528	1,216,157	40,414,186	87,727,100	25,056,450		52,362,000	93,471	1,514,826		26,033,561	133,663,935	4,167,194	2,236,370
1912.			4,162,500	17,350,000	1,057,363	30,594,820	91,182,600	25,234,790			79,102	1,254,149		24,333,600	204,100,531		

(1) Pour permettre la comparaison des tableaux récapitulatifs concernant les superficies cultivées, la production et les disponibilités en blé dans le monde, on y a fait figurer en

DANS LE MONDE.[1]

All values in *quintaux*.

SUISSE (19)	TURQUIE (20)	CANADA (21)	ÉTATS-UNIS (22)	MEXIQUE (23)	INDES BRITANNIQUES (24)	JAPON (25)	ALGÉRIE (26)	ÉGYPTE (27)	TUNISIE (28)	LE CAP (29)	RÉPUBLIQUE ARGENTINE (30)	CHILI (31)	PÉROU (32)	URUGUAY (33)	AUSTRALIE (34)	NOUVELLE-ZÉLANDE (35)	TOTAL (36)
750,000	»	8,500,000	135,700,000	»	»	6,146,000	6,830,318	5,500,000		750,000	8,500,000	»	»	»	8,582,000	2,221,680	590,185,021
750,000	»	8,804,449	104,328,000	»	»	2,840,000	4,210,053	5,500,000		750,000	8,500,000	»	»	»	8,095,000	2,825,750	524,845,361
750,000	»	11,043,000	137,230,000	»	»	3,452,000	6,580,853	5,500,000		750,000	8,500,000	»	»	»	8,645,000	2,279,500	633,861,499
750,000	»	7,164,000	114,619,000	»	»	3,320,000	6,435,137	5,500,000		750,000	8,500,000	»	»	850,000	12,395,000	2,267,400	572,218,746
750,000	»	11,296,000	139,573,000	»	68,598,348	3,796,000	8,482,609	5,500,000		750,000	8,500,000	»	»	850,000	10,167,000	1,866,860	766,239,477
750,000	»	10,250,000	93,871,000	»	81,534,854	3,363,000	6,613,807	5,500,000		750,000	8,500,000	»	»	850,000	7,165,930	1,154,000	642,317,388
750,000	»	9,086,000	124,454,000	»	70,404,170	4,476,000	6,664,607	5,500,000		750,000	8,500,000	»	»	850,000	8,784,948	1,713,900	618,272,603
750,000	»	8,822,500	124,212,000	»	65,026,599	4,237,000	5,773,832	5,587,000		974,000	8,500,000	»	»	856,000	5,026,800	2,564,580	650,091,213
764,000	8,230,000	8,979,000	113,192,000	»	72,004,000	4,309,000	5,470,904	5,842,000		1,037,000	6,526,000	5,410,000	»	816,000	6,745,000	2,386,500	604,528,677
853,000	8,978,000	8,432,000	133,530,000	»	58,099,000	4,486,000	5,247,052	7,500,000		981,200	8,704,000	5,211,000	»	541,000	10,576,000	2,209,260	620,407,122
816,000	7,481,000	10,475,000	108,679,600	»	61,363,000	3,119,000	7,756,486	7,500,000		539,650	8,450,000	3,917,000	»	1,088,000	8,748,000	1,557,800	624,977,167
707,000	8,160,000	15,160,000	166,536,000	»	74,811,000	4,972,000	7,126,138	7,500,000		742,100	9,800,000	5,277,000	»	979,000	9,884,000	2,792,690	655,303,585
870,000	6,528,000	13,104,000	140,441,000	»	56,206,000	4,283,000	5,137,410	7,500,000		1,060,000	15,930,800	4,896,000	»	905,302	11,228,000	2,280,000	682,830,260
979,000	7,616,000	11,216,000	107,827,000	»	71,384,000	4,383,000	5,517,725	7,500,000		1,060,000	22,380,000	4,352,000	»	1,567,578	11,015,000	1,334,000	695,805,832
1,284,000	6,963,000	11,561,000	125,283,000	»	73,853,000	5,525,000	8,447,580	5,000,000		842,600	16,700,000	3,765,000	•	2,450,709	8,626,000	982,900	713,753,215
1,525,000	9,248,000	15,463,000	127,145,000	»	71,113,000	5,533,000	7,071,021	6,000,080	1,739,609	676,000	12,630,000	4,787,000	»	2,720,000	6,644,000	1,802,500	699,097,556
1,306,900	9,792,000	10,880,000	116,415,000	»	51,067,000	4,948,000	6,230,538	7,500,000	873,040	595,200	8,600,000	4,352,000	•	2,176,000	6,093,000	1,612,100	662,532,776
1,087,000	*9,000,000*	13,500,000	144,306,000	2,639,870	54,494,000	5,308,000	5,413,587	7,500,000	837,191	573,000	14,530,000	4,612,000	»	2,500,000	6,450,000	1,543,000	530,108,120
1,275,000	12,000,000	15,575,900	183,795,000	2,391,861	73,241,000	5,824,000	7,370,314	7,500,000	1,139,078	532,810	25,570,000	4,875,000	•	2,500,000	9,750,000	3,557,600	806,339,730
1,087,000	6,525,000	17,400,000	148,951,000	2,527,495	69,475,000	5,767,000	6,064,075	7,500,080	1,029,532	599,250	27,660,000	3,262,000	»	3,262,000	15,225,000	2,385,000	760,422,695
1,087,000	8,700,000	15,124,650	142,127,600	3,382,639	54,431,000	3,720,000	9,142,736	8,000,000	1,373,554	550,000	20,344,000	3,262,000	•	4,350,000	15,225,000	1,775,800	720,118,831
1,087,000	8,700,000	24,111,690	203,701,146	3,271,590	72,073,589	5,903,758	8,775,480	8,000,080	1,248,438	550,000	15,344,050	3,749,835	»	2,069,367	10,494,939	1,101,320	780,683,328
1,087,000	10,875,000	26,408,125	182,304,518	2,208,927	61,882,586	5,338,571	9,225,118	8,000,000	1,163,337	550,000	28,238,530	2,725,395	»	1,426,115	3,368,815	2,029,746	830,778,786
1,000,000	*9,000,000*	22,243,892	173,589,501	2,855,614	60,993,638	2,551,774	9,273,279	8,000,000	1,120,752	550,000	35,291,000	4,884,713	»	1,800,000	20,180,561	2,147,703	822,403,050
1,000,000	*9,000,000*	19,560,449	150,341,033	5,050,718	97,958,565	5,209,638	6,945,047	8,000,000	2,372,386	465,200	41,026,000	3,289,985	»	2,058,880	14,842,404	2,483,099	848,144,758
1,000,000	*8,000,000*	29,275,207	188,601,298	5,955,395	77,037,090	4,862,608	6,961,554	8,000,000	1,107,000	*480,000*	36,722,310	3,308,514	»	1,253,442	18,848,613	1,850,398	892,718,703
1,000,000	*8,000,000*	37,083,876	200,108,025	5,120,995	87,076,650	5,349,058	9,431,077	8,500,000	1,583,000	*490,000*	12,454,340	*4,000,000*	»	1,808,844	18,077,237	1,525,525	937,732,870
1,000,000	7,000,000	25,374,132	172,573,118	*3,000,000*	82,279,663	6,011,639	8,507,801	8,500,000	1,780,000	*495,000*	52,387,050	5,147,749	»	2,022,080	12,153,488	1,515,153	857,447,090
950,000	7,000,000	30,600,038	180,878,080	*3,000,000*	62,233,895	5,956,801	8,093,843	8,500,000	1,000,000	505,600	42,500,860	6,011,797	1,500,000	2,330,106	17,034,705	2,387,603	866,191,123
971,000	7,000,000	45,381,047	185,980,536	2,574,458	77,015,830	6,055,570	9,722,150	9,273,559	1,750,000	595,600	35,655,560	6,963,527	780,000	1,801,550	25,606,965	2,390,108	981,503,446
750,000	6,589,311	40,821,170	172,851,532	6,413,937	97,881,904	6,457,093	9,763,372	8,878,500	1,100,000	638,200	39,730,000	6,448,270	1,500,000	1,625,438	25,885,677	2,251,832	979,866,501
950,200		58,546,808	169,100,354		102,016,199	6,765,284	9,959,034	10,354,500	2,350,000		37,100,000				25,885,000	2,256,267	
847,000		51,144,732	185,068,800		90,862,179	6,655,000	7,395,012	7,878,504	1,150,000		46,420,000				20,508,000	2,154,285	

Italique des évaluations pour les surfaces ou quantités qu'il n'a pas été possible de recueillir dans des statistiques officielles.

TABLEAU DES EXCÉDENTS DES IMPORTATIONS SUR LES
DANS LES DIVERS

ANNÉES.	ALLEMAGNE.	AUTRICHE-HONGRIE.	BELGIQUE,	BULGARIE.	DANEMARK.	ESPAGNE.	FRANCE.	GRANDE-BRETAGNE et IRLANDE.	GRÈCE.	ITALIE.	NORVÈGE.	PAYS-BAS.	PORTUGAL.	ROUMANIE.	RUSSIE D'EUROPE et D'ASIE.	SERBIE.	SUÈDE.
1	2	3	4	5	6	7	8	9	10	11	12	13	14	15	16	17	18
	quintaux.	quintaux.	quintaux.	quintaux.	quintaux.	quintaux.	quintaux.	quintaux.	quintaux.	quintaux.	quintaux.	quintaux.	quintaux.	quintaux.	quintaux.	quintaux.	quintaux.
1880.	1,094,000	1,230,000	3,094,681				20,094,540	33,060,910		1,460,789	219,126	2,993,000	695,015				368,179
1881.	3,085,000	413,000	3,938,929				12,863,801	35,520,820		485,133	75,390	2,189,852	850,288				677,555
1882.	6,247,000		4,115,181			2,570,263	13,190,468	40,303,020		680,047	230,604	2,092,579	1,108,846				674,059
1883.	5,611,000		4,541,130			2,334,421	10,454,152	42,710,400		1,514,074	244,003	2,851,959	871,383				947,186
1884.	7,183,000	177,000	4,801,577			680,112	11,075,997	33,543,580		3,222,155	306,134	2,630,238	1,036,754				923,350
1885.	5,583,000		4,846,914			923,672	6,686,414	40,523,300		7,263,701	295,550	1,999,628	1,010,713				921,660
1886.	2,650,000		4,810,785			1,215,230	7,320,698	33,493,200		9,525,097	308,801	2,840,277	1,238,149				755,873
1887.	5,445,000		5,692,505			3,260,587	9,161,180	45,029,600		10,186,606	308,078	3,148,341	1,296,606				776,350
1888.	3,387,000		5,913,758			2,684,028	11,608,681	40,212,100		6,666,240	330,537	3,021,733	1,087,299				754,722
1889.	5,161,000		3,693,218		233,940	1,555,179	11,680,914	39,735,000	2,729,333	8,731,848	330,190	3,102,908	870,032				805,076
1890.	6,724,000		9,743,343			1,617,179	18,611,111	46,000,000	2,400,094	8,454,662	381,088	3,142,099	970,914				693,620
1891.	9,050,000		9,443,902		322,890	1,080,216	20,550,937	44,735,400	2,324,536	4,642,433	916,486	4,226,327	1,172,288				941,937
1892.	12,900,000		9,444,755			1,434,533	19,259,568	47,550,100	7,649,050	6,074,531	1,051,013	3,576,796	1,144,965				1,472,123
1893.	7,032,000		7,088,546		379,685	4,275,775	9,959,854	46,980,100	1,059,932	8,615,088	1,117,770	3,333,376	1,447,757				1,607,121
1894.	10,746,000		8,965,069		705,105	4,174,460	12,402,006	48,133,600	1,387,928	4,874,410	987,169	4,507,852	1,048,326				2,069,807
1895.	12,683,000		10,738,739		700,550	1,524,150	4,791,603	53,665,400	1,373,147	6,456,827	963,485	4,238,175	1,366,342				1,205,090
1896.	15,775,000		10,571,830		615,946	1,285,698	1,626,210	49,917,400	1,344,749	6,870,526	1,009,886	4,155,395	1,169,765				1,340,080
1897.	10,081,050	992,906	7,976,417		518,859	709,639	5,208,980	44,249,700	1,401,987	4,028,597	538,650	6,934,970	1,387,484				1,151,690
1898.	14,427,040	1,996,567	8,907,268		655,175	379,940	10,491,943	47,195,850	1,490,366	3,688,811	596,221	4,064,050	874,588				1,483,370
1899.	11,634,040	723,592	11,148,360		917,250	4,028,392	1,274,985	48,989,000	1,684,039	5,018,100	678,024	4,442,290	979,830				1,761,060
1900.	10,011,100	277,482	8,751,761		619,279	2,282,231	1,193,381	49,572,731	1,692,131	7,182,500	737,487	4,407,500	1,334,287				1,701,936
1901.	20,549,500	102,793	11,397,627		1,205,608	1,386,807	1,670,840	50,775,005	1,766,464	10,356,423	718,066	5,393,820	892,590				1,826,047
1902.	20,083,000	804,606	11,860,792		1,250,486	708,599	2,634,813	54,550,846	1,710,856	11,605,156	714,121	5,090,000	47,674				2,105,707
1903.	17,569,000	60,248	12,624,124		482,601	911,377	4,873,271	59,153,388	1,688,609	11,553,521	731,039	5,074,601	707,676				2,359,853
1904.	16,711,000	2,161,054	13,443,072		1,357,143	2,234,847	2,111,095	59,674,167	1,114,938	7,721,904	730,191	4,881,830	856,897				2,300,717
1905.	20,275,000	1,068,177	12,613,013		3,009,002	9,504,569	1,567,938	57,477,795	1,597,026	1,058,214	745,821	4,546,660	1,234,290				2,040,791
1906.	17,541,000	20,726	14,057,602		[illegible]	[illegible]	[illegible]	44,188,050	4,100,070	13,209,770	805,700	5,826,880	1,011,139				2,239,177
1907.	22,617,000		13,029,476		1,420,940	1,160,304	3,431,171	57,704,871	2,490,103	8,685,469	864,080	4,767,130	219,167				1,597,473
1908.	16,374,000		11,042,787		1,392,778	784,757	329,004	53,823,058	1,837,234	7,316,147	1,024,017	5,398,138	1,253,000				2,228,714
1909.	20,056,000	7,184,373	12,372,453		1,392,287	947,772	680,200	56,457,704	1,781,325	12,634,067	913,702	5,612,997					2,025,934
1910.	18,110,000	2,673,210	13,369,546		1,251,163	1,604,580	6,154,150	59,218,179	2,096,080	13,594,981	906,543	5,923,304					1,977,409
1911.					1,446,419		21,379,358				1,020,312						
1912.																	

EXPORTATIONS DE BLÉ, Y COMPRIS LA FARINE CONVERTIE EN BLÉ

PAYS DU MONDE.

SUISSE.	TURQUIE.	CANADA.	ÉTATS-UNIS.	MEXIQUE.	INDES BRITANNIQUES.	JAPON.	ALGÉRIE.	ÉGYPTE.	TUNISIE.	LE CAP.	RÉPUBLIQUE ARGENTINE.	CHILI.	PÉROU.	URUGUAY.	AUSTRALIE.	NOUVELLE-ZÉLANDE.	TOTAL.
19	20	21	22	23	24	25	26	27	28	29	30	31	32	33	34	35	36
quintaux.	quintaux.	quintaux.	quintaux.	quintaux.	quintaux.	quintaux.	quintaux.	quintaux.	quintaux.	quintaux.	quintaux.	quintaux.	quintaux.	quintaux.	quintaux.	quintaux.	quintaux.
2,964,667	»	»	»	»	»	»	»	»	»	304,700	170,990	»	»	»	»	»	69,563,063
2,651,530	»	»	»	»	»	»	»	»	»	395,950	104,844	»	»	»	»	»	63,972,092
3,032,354	»	»	»	»	»	»	»	64,793	»	391,485	»	»	»	»	»	»	74,967,301
2,733,421	»	»	»	»	»	»	»	117,371	»	440,080	»	»	»	11,370	»	»	75,381,950
3,211,958	»	776,414	»	»	»	»	»	78,851	»	302,980	»	»	»	3,360	»	»	70,022,369
3,069,562	»	»	»	»	»	»	»	74,794	»	332,420	»	»	»	»	»	»	73,501,367
3,206,657	»	»	»	»	»	»	»	453,381	»	105,004	»	»	»	»	»	»	68,011,456
3,234,793	»	»	»	»	»	»	»	»	»	89,982	»	»	»	»	»	»	88,537,896
3,327,452	»	»	»	»	»	»	»	»	»	53,930	»	»	»	»	»	»	79,057,500
3,184,219	»	139,558	»	»	»	»	»	46,214	»	31,652	»	»	»	403,715	»	»	82,408,000
3,510,205	»	118,041	»	»	»	»	»	12,469	»	294,472	»	»	»	64,836	»	»	84,570,944
3,687,153	»	»	»	»	»	»	»	»	»	269,480	»	»	»	9,683	886,342	»	104,269,010
3,365,174	»	»	»	»	»	»	»	»	»	167,922	»	»	»	10,484	578,997	»	112,700,011
3,688,893	»	»	»	»	»	»	»	347,009	»	182,480	»	»	»	»	»	»	97,171,246
3,955,391	—	»	»	»	»	»	»	156,175	»	198,450	»	»	»	»	»	»	104,312,378
4,203,704	»	»	»	»	»	87,162	»	424,415	»	299,958	»	»	»	»	»	»	101,781,398
4,799,247	»	»	»	»	»	226,713	»	1,100,505	211,103	869,120	»	»	»	»	»	»	103,189,203
3,961,804	»	»	»	73,520	»	296,343	»	864,385	251,519	931,080	»	»	»	»	»	»	93,579,189
3,818,186	»	»	»	»	»	379,463	»	476,671	»	1,164,120	»	»	»	»	»	»	116,069,629
4,281,026	»	»	»	83,995	»	266,908	»	481,129	195,022	931,620	»	»	»	»	»	»	90,522,631
3,957,354	»	»	»	88,075	»	858,397	»	803,289	183,272	1,310,800	»	»	»	»	»	»	98,765,053
4,132,716	»	»	»	»	»	592,889	»	1,114,152	353,303	1,686,300	»	»	»	37,723	»	»	120,758,802
4,594,024	»	»	»	298,610	»	672,020	»	922,716	522,669	1,989,700	»	»	»	»	»	»	122,167,255
4,857,526	»	»	»	421,800	»	2,558,147	»	981,300	137,245	2,914,300	»	»	»	»	1,009,100	»	130,668,735
5,130,373	»	»	»	272,970	»	1,047,806	»	1,177,764	127,613		»	»	»	»	»	»	124,014,611
4,518,012	»	»	»	52,790	»	1,577,156	»	1,987,203	569,047		»	»	»	»	»	»	132,749,113
4,849,511	»	»	»	50,000	»	1,370,111	»	2,290,869	308,079		»	»	»	»	»	»	132,905,839
5,168,151	»	»	»	»	»	1,602,034	»	2,111,794	91,322		»	»	»	»	»	»	126,963,485
4,072,209	»	»	»	»	»	800,788	»	2,545,596	610,107		»	»	»	»	»	»	110,844,204
4,632,078	»	»	»	568,380	»	424,411	»	2,431,922	450,317		»	»	»	»	»	»	130,506,611
4,675,704	»	»	»	1,403,000	»	498,664	»	1,666,065	342,657		»	»	»	»	»	»	135,807,204
5,000,290	»	»	»	»	»	»	»	2,271,161	»								

TABLEAU DES EXCÉDENTS DES EXPORTATIONS SUR LES
DANS LES DIVERS

ANNÉES.	ALLEMAGNE.	AUTRICHE-HONGRIE.	BELGIQUE.	BULGARIE.	DANEMARK.	ESPAGNE.	FRANCE.	GRANDE-BRETAGNE et IRLANDE.	GRÈCE.	ITALIE.	NORVÈGE.	PAYS-BAS.	PORTUGAL.	ROUMANIE.	RUSSIE D'EUROPE et D'ASIE.	SERBIE.	SUÈDE.
1	2	3	4	5	6	7	8	9	10	11	11	13	14	15	16	17	18
	quintaux.	quintaux.	quintaux.	quintaux.	quintaux.	quintaux.	quintaux.	quintaux.	quintaux.	quintaux.	quintaux.	quintaux.	quintaux.	quintaux.	quintaux.	quintaux.	quintaux.
1880.					815,135	196,261									10,387,139		
1881.					221,017	336,386									13,748,329		
1882.		2,039,000			133,580										2,350,455		
1883.		1,146,000			8,921										23,291,707		
1884.					54,745										19,680,316		
1885.		193,874		1,337,065	206,133									3,972,695	25,836,304		
1886.		1,869,181		1,806,365	332,173									3,108,651	15,623,311		
1887.		2,250,407		1,309,076	64,742									5,126,480	23,005,393		
1888.		4,130,036		2,674,171	32,412									8,500,556	36,011,550	705,426	
1889.		2,541,325		3,801,314										9,665,770	39,083,165	687,101	
1890.		2,326,485		3,055,246	104,785									9,335,913	30,604,550	592,852	
1891.		1,452,905		3,170,288										6,737,830	29,690,000	800,685	
1892.		619,020		3,545,548	67,964									7,940,621	13,780,766	785,808	
1893.		554,548		3,541,009										7,291,687	20,275,122	871,163	
1894.		368,078		2,575,443										7,260,221	34,409,174	521,486	
1895.		490,500		3,038,874										9,941,907	39,778,438	617,357	
1896.		429,097		2,326,444										12,553,696	36,782,024	1,026,093	
1897.				964,851										4,379,785	35,734,595	264,453	
1898.				281,360										5,977,450	30,039,382	591,301	
1899.				203,962										1,887,170	18,409,710	770,066	
1900.				1,294,268										7,469,830	20,162,725	987,094	
1901.				1,518,320										5,978,436	23,425,114	601,380	
1902.				2,540,883										9,350,593	30,914,172	504,101	
1903.				3,505,867										3,470,843	42,545,274	543,775	
1904.				5,320,335										7,009,748	46,041,649	837,651	
1905.				4,774,774										17,722,146	49,379,383	948,125	
1906.				3,035,706										18,094,000	37,235,443	1,020,420	
1907.				2,758,000										12,211,863	22,895,728	579,158	
1908.				2,478,539										17,496,796	14,010,509	979,766	
1909.				2,021,034										8,981,578	51,887,839	1,507,174	
1910.				3,093,153										19,112,196	63,779,596	808,229	
1911.																		
1912.																		

IMPORTATIONS DE BLÉ, Y COMPRIS LA FARINE CONVERTIE EN BLÉ

PAYS DU MONDE.

SUISSE.	TURQUIE.	CANADA.	ÉTATS-UNIS.	MEXIQUE.	INDES BRITANNIQUES.	JAPON.	ALGÉRIE.	ÉGYPTE.	TUNISIE.	LE CAP.	RÉPUBLIQUE ARGENTINE.	CHILI.	PÉROU.	URUGUAY.	AUSTRALIE.	NOUVELLE-ZÉLANDE.	TOTAL.
19	20	21	22	23	24	25	26	27	28	29	30	31	32	33	34	35	36
quintaux.	quintaux.	quintaux.	quintaux.	quintaux.	quintaux.	quintaux.	quintaux.	quintaux.	quintaux.	quintaux.	quintaux.	quintaux.	quintaux.	quintaux.	quintaux.	quintaux.	quintaux.
»	»	2,185,845	52,537,534	»	»	»	1,046,312	1,350,259	»	»	»	»	»	»	»	843,800	69,363,285
»	»	918,908	54,367,532	»	»	»	64,927	402,771	»	»	»	»	»	»	»	1,023,800	71,143,670
»	»	1,445,644	36,449,515	»	»	»	307,505	»	»	»	23,000	»	»	»	»	867,410	43,615,678
»	»	1,351,275	45,375,778	»	»	240,206	233,672	»	»	»	674,519	»	»	»	»	1,332,100	73,053,778
»	»	»	35,730,836	»	»	87,583	408,814	»	»	»	1,136,713	»	»	»	»	736,420	57,213,647
»	»	403,960	36,138,494	»	7,970,876	117,270	1,753,500	»	»	»	891,219	»	»	149,287	3,582,537	369,900	82,923,114
»	»	1,174,442	25,753,369	»	10,620,049	51,708	1,280,013	»	»	»	453,657	»	»	270,323	246,804	340,500	62,075,590
»	»	1,003,207	41,803,265	»	11,331,257	44,818	1,074,161	236,673	»	»	2,455,403	»	»	208,736	1,282,579	171,550	91,424,047
»	»	940,339	32,654,132	»	6,089,108	74,863	620,406	751,478	»	»	1,870,585	»	»	363,844	3,391,588	627,800	100,352,383
»	»	»	24,311,071	»	8,076,037	76,602	718,706	»	»	»	244,740	»	»	»	226,011	733,200	83,571,531
»	»	»	30,070,986	»	7,506,685	17,485	1,196,415	»	»	»	3,437,423	320,240	»	»	3,640,344	1,215,800	93,425,209
»	»	857,698	29,028,972	»	15,000,473	1,062	766,184	799,007	»	»	4,073,054	1,562,400	»	»	»	395,750	95,302,908
»	»	2,814,951	60,781,196	»	7,021,353	42,079	612,285	190,297	»	»	4,970,510	1,515,000	»	»	»	669,400	106,261,413
»	»	2,924,894	52,235,335	»	6,583,456	62,843	27,217	»	»	»	10,622,690	1,890,820	»	272,678	401,371	712,800	114,267,745
»	»	3,099,300	44,793,768	»	3,800,931	53,768	457,118	»	»	»	16,565,119	1,266,920	»	1,822,431	477,902	622,850	114,437,517
»	»	2,460,536	39,405,714	»	5,480,417	»	1,159,744	»	148,314	»	10,873,902	840,850	»	1,469,881	»	»	126,590,397
»	»	2,354,970	34,245,155	»	1,118,586	»	430,096	»	»	»	6,056,507	1,434,290	»	430,119	»	123,300	99,311,285
»	»	2,650,003	47,045,013	»	1,551,603	»	305,975	»	»	»	1,461,933	800,290	»	284,780	»	196,400	96,240,234
»	»	7,510,110	67,642,090	25,830	10,424,411	»	81,358	»	224,602	»	6,902,984	855,490	»	933,323	»	2,960	131,500,654
»	»	3,863,730	70,070,541	»	5,207,922	»	728,102	»	»	»	17,981,904	560,300	»	921,350	3,069,540	780,200	125,365,659
»	»	5,783,956	61,559,671	»	167,303	»	926,071	»	»	»	20,027,536	116,090	»	657,662	3,895,110	780,200	123,528,170
»	»	4,878,850	69,000,376	6,730	4,006,638	»	1,520,050	»	»	»	10,068,085	20,330	»	»	6,826,000	626,200	139,089,709
»	»	9,230,277	74,340,311	»	5,822,068	»	1,433,782	»	»	»	7,007,347	286,870	»	675,092	2,722,305	52,980	144,880,041
»	»	11,328,495	66,520,207	»	13,791,453	»	728,015	»	»	»	17,842,581	629,240	»	98,914	»	19,510	166,123,777
»	»	8,980,063	42,743,870	»	22,641,802	»	919,057	»	»	»	24,581,001	2,085,850	»	98,561	10,578,022	221,350	174,571,999
»	»	6,181,195	16,251,094	»	9,085,808	»	565,504	»	»	»	30,752,878	1,246,570	»	610,698	8,932,590	263,240	147,620,015
»	»	12,291,850	34,632,860	»	8,675,140	»	959,016	»	»	»	24,325,580	58,750	»	6,982	10,610,268	16,640	150,909,321
»	»	12,827,429	48,900,007	»	9,353,106	»	2,065,792	»	»	»	28,031,000	402,600	»	596,695	10,190,043	370	151,411,791
»	»	13,741,954	62,414,682	»	1,187,170	»	682,585	»	»	»	37,985,940	1,371,470	»	596,803	5,783,382	370	155,729,986
»	»	15,366,168	36,074,882	»	11,129,075	»	1,105,112	»	»	»	26,807,330	1,185,030	»	812,165	10,469,806	386,230	168,663,443
»	»	14,851,745	28,072,916	»	13,452,076	»	1,959,248	»	»	»	20,586,120	»	»	165,191	3,320,713	332,200	169,222,386
»	»	16,599,703	24,297,655	»	12,623,261	»	1,867,212	»	201,022	»	»	»	»	»	»	»	»

QUANTITÉS DISPONIBLES DANS CHAQUE PAYS
(PRODUCTION PLUS IMPOR-

ANNÉES.	ALLEMAGNE.	AUTRICHE-HONGRIE.	BELGIQUE.	BULGARIE.	DANEMARK.	ESPAGNE.	FRANCE.	GRANDE-BRETAGNE et IRLANDE.	GRÈCE.	ITALIE.	NORVÈGE.	PAYS-BAS.	PORTUGAL.	ROUMANIE.	RUSSIE D'EUROPE et D'ASIE.	SERBIE.	SUÈDE.
1	2	3	4	5	6	7	8	9	10	11	12	13	14	15	16	17	18
	quintaux.	quintaux.	quintaux.	quintaux.	quintaux.	quintaux.	quintaux.	quintaux.	quintaux.	quintaux.	quintaux.	quintaux.	quintaux.	quintaux.	quintaux.	quintaux.	quintaux.
1880.	24,517,000	56,435,600	9,000,087		572,465	19,803,739	95,599,313	54,034,664		32,093,789	260,326	4,549,946	2,495,015		180,112,861		1,319,929
1881.	23,676,000	34,716,751	8,202,078		534,283	19,065,614	88,540,156	55,131,627		27,893,403	112,830	3,430,399	2,650,288		176,751,671		1,333,055
1882.	31,781,000	44,460,556	8,510,181		1,083,511	22,570,263	106,073,184	62,709,437		41,567,204	283,804	3,534,579	2,908,846		188,149,545		1,610,659
1883.	29,120,000	32,800,033	9,110,130		1,218,179	22,334,421	89,715,745	63,686,985		33,039,074	289,003	4,343,959	2,671,383		167,208,291		1,751,186
1884.	31,972,000	40,012,009	9,336,572		1,223,855	20,689,112	99,310,078	56,810,980		37,117,155	361,054	4,192,238	2,836,754		239,481,684		1,020,109
1885.	31,576,000	45,313,621	9,596,914	6,162,935	1,188,967	20,623,672	91,867,611	63,104,300		39,433,701	355,580	3,077,628	2,010,713		147,541,806		1,972,419
1886.	29,314,000	39,658,819	9,510,785	5,393,035	953,527	21,413,239	89,678,286	51,456,600		42,455,097	366,041	4,478,277	3,038,149		139,780,089		1,758,123
1887.	33,753,000	53,359,593	10,374,365	5,640,924	1,392,058	22,960,587	96,255,868	67,543,400		44,884,606	374,078	4,974,341	3,096,666		129,794,607		1,931,350
1888.	28,695,000	48,674,964	10,148,758	5,550,829	862,788	21,389,028	86,578,374	61,334,500		36,030,240	391,017	4,411,733	2,958,299		67,987,450	1,541,574	1,813,022
1889.	28,885,000	34,663,675	11,073,218	2,905,686	1,376,140	31,120,499	94,911,585	61,247,400	4,187,333	38,676,848	387,670	4,817,998	3,083,052	4,075,221	71,802,855	2,005,518	1,811,576
1890.	35,033,000	51,832,515	12,808,343	3,679,754	922,915	22,931,610	100,011,402	62,389,200	[illegible]	[illegible]	660,000	[illegible]	[illegible]	[illegible]	[illegible]	1,311,948	1,780,560
1891.	32,388,000	49,333,095	13,096,902	7,285,712	1,458,990	21,308,736	79,068,744	65,928,000	3,821,536	43,527,433	988,386	5,145,327	2,913,288	6,590,170	61,086,000	1,315,315	2,105,757
1892.	44,589,000	53,944,974	11,773,755	7,469,462	1,082,636	24,764,333	103,826,510	64,780,300	3,715,050	37,872,531	1,122,913	5,002,796	3,037,965	11,882,379	109,287,234	2,239,292	2,611,923
1893.	36,980,000	50,997,452	11,844,546	6,457,901	1,430,285	31,284,835	85,552,079	61,417,900	2,963,932	45,785,088	1,182,240	4,686,376	3,079,757	9,405,313	126,760,078	1,503,661	2,706,871
1894.	40,869,000	54,540,922	13,807,069	4,195,555	1,593,405	34,016,430	106,074,062	65,348,200	2,649,928	38,297,410	1,059,350	5,609,682	2,571,326	4,720,779	116,701,826	1,654,514	3,236,657
1895.	40,759,000	57,263,500	15,886,739	4,745,126	1,704,650	23,856,820	97,215,304	64,523,000	2,461,147	38,825,827	1,023,945	5,382,175	3,210,342	8,987,093	100,058,912	1,775,643	2,186,096
1896.	45,859,000	54,811,903	15,764,830	8,553,556	1,660,346	21,046,948	94,232,953	66,429,900	2,650,749	46,790,526	1,086,186	5,835,395	2,602,765	7,015,301	91,137,070	1,149,905	2,634,320
1897.	39,214,050	34,177,906	11,265,417	6,910,149	1,470,816	25,997,639	71,133,085	60,208,500	2,038,987	27,919,597	613,950	5,077,970	3,202,481	5,639,215	96,565,405	3,380,126	2,437,130
1898.	50,503,040	52,742,567	12,774,268	8,900,640	1,482,709	34,426,940	118,804,233	68,425,850	2,390,366	46,440,811	668,591	5,395,050	3,124,588	10,090,550	98,960,698	2,040,028	2,719,130
1899.	50,108,940	55,302,592	14,125,360	5,683,038	1,988,347	30,620,392	100,734,875	68,057,400	3,315,039	42,926,100	746,201	5,823,290	2,066,839	5,276,830	119,552,284	2,415,812	3,015,960
1900.	48,423,000	52,848,482	12,504,150	9,580,732	1,737,500	29,689,022	89,792,281	64,356,788	3,323,131	43,943,900	825,946	5,648,644	2,421,287	8,164,970	116,712,275	1,227,076	3,100,739
1901.	45,538,010	47,725,097	15,246,731	7,181,680	1,472,193	38,046,323	86,328,380	65,451,733	3,179,462	55,596,423	804,717	6,526,980	2,197,599	13,501,324	92,097,045	1,603,707	2,978,582
1902.	59,088,960	64,096,140	15,813,772	8,334,117	2,493,116	35,630,416	91,874,851	70,411,644	3,371,856	49,045,156	786,065	6,457,300	1,678,674	12,164,187	134,384,473	2,600,761	3,406,181
1903.	53,119,640	60,702,034	15,985,258	6,079,538	1,697,073	36,013,811	103,657,889	72,439,689	3,188,609	62,253,221	814,422	6,214,460	2,307,076	12,031,127	126,587,857	2,418,726	3,862,585
1904.	54,789,280	56,770,106	17,203,736	5,967,070	2,523,007	28,182,194	83,660,434	69,994,245	2,914,938	53,502,806	807,803	6,065,870	2,456,897	8,093,102	134,518,090	2,340,083	3,694,077
1905.	57,273,820	62,336,400	15,987,973	4,736,864	4,116,498	34,680,072	92,696,863	73,897,659	3,097,026	45,175,968	835,098	5,845,500	2,834,299	10,689,034	123,789,058	2,116,788	3,566,561
1906.	56,936,630	72,424,129	17,585,778	7,607,953	3,565,590	43,734,072	92,193,326	72,930,737	3,663,679	61,801,100	660,050	[illegible]	2,611,159	11,014,900	110,673,573	2,575,013	4,090,387
1907.	57,410,240	48,731,170	17,339,476	3,649,956	2,603,492	28,466,043	107,184,171	73,090,146	3,990,103	57,486,850	942,836	6,192,890	1,819,167	− 563,763	132,387,790	1,700,201	3,357,003
1908.	54,051,670	61,484,231	14,687,595	7,453,954	2,568,480	33,135,141	86,517,114	68,940,564	4,337,234	49,161,353	1,114,468	6,789,178	2,853,000	−2,388,156	169,429,505	2,148,646	4,135,814
1909.	57,613,470	57,120,211	16,347,313	6,707,325	2,434,077	40,166,657	98,432,400	73,943,746	3,281,325	64,447,667	998,711	6,726,608	*2,600,000*	7,040,962	178,400,248	2,881,701	3,906,844
1910.	56,724,790	67,643,787	16,757,546	8,404,829	2,469,350	39,012,106	74,960,250	75,057,306	3,596,080	55,344,981	986,250	7,097,008		10,161,648	164,807,618	2,611,809	4,047,409
1911.					2,662,576		109,190,758				1,121,783						
1912.																	

(1) Pour permettre la comparaison des tableaux récapitulatifs concernant les superficies cultivées, la production et les disponibilités en blé dans le monde, on y a fait figurer en italique des évaluations

Y COMPRIS LA FARINE CONVERTIE EN BLÉ [1]

TATIONS MOINS EXPORTATIONS.)

SUISSE.	TURQUIE.	CANADA.	ÉTATS-UNIS.	MEXIQUE.	INDES BRITANNIQUES.	JAPON.	ALGÉRIE.	ÉGYPTE.	TUNISIE.	LE CAP.	RÉPUBLIQUE ARGENTINE.	CHILI.	PÉROU.	URUGUAY.	AUSTRALIE.	NOUVELLE-ZÉLANDE.	TOTAL.
19	20	21	22	23	24	25	26	27	28	29	30	31	32	33	34	35	36
quintaux.	quintaux.	quintaux.	quintaux.	quintaux.	quintaux.	quintaux.	quintaux.	quintaux.	quintaux.	quintaux.	quintaux.	quintaux.	quintaux.	quintaux.	quintaux.	quintaux.	quintaux.
3,714,667	»	6,314,155	83,167,460	»	»	»	5,784,006	4,149,741		1,054,760	8,670,000	»	»	»	»	1,377,880	575,015,790
3,401,530	»	7,885,541	49,960,468	»	»	»	4,145,116	5,037,229		1,145,950	8,604,844	»	»	»	»	1,201,950	494,018,783
3,782,354	»	9,507,356	100,799,485	»	»	»	6,282,288	5,564,795		1,141,485	8,477,000	»	»	»	»	1,412,600	652,890,622
3,483,421	»	5,812,725	69,243,222	»	»	3,079,804	6,201,765	5,617,371		1,190,080	7,925,851	»	»	861,370	»	935,000	561,515,768
3,901,958	»	12,072,414	103,833,144	»	»	3,708,417	8,073,795	5,578,851		1,112,980	7,363,287	»	»	853,360	»	1,130,380	602,951,880
3,819,562	»	9,846,040	90,257,506	»	73,503,978	3,215,730	4,860,307	5,574,704		1,082,420	7,608,781	»	»	700,713	3,583,393	784,100	670,223,381
4,046,057	»	7,911,558	98,700,631	»	59,784,427	4,394,292	5,375,594	5,953,881		855,004	8,040,343	»	»	573,677	8,538,054	1,372,500	645,371,430
3,984,793	»	6,820,093	82,348,735	»	53,695,342	4,192,182	4,699,071	5,350,827		1,063,982	6,044,597	»	»	641,264	3,713,921	2,303,250	652,133,240
4,091,451	»	8,038,061	80,537,808	»	65,014,892	4,234,137	4,859,408	5,090,522		1,090,950	4,648,415	»	»	450,156	3,353,412	1,758,700	562,430,310
4,037,219	»	8,571,558	109,218,929	»	49,122,963	4,409,338	4,528,286	7,546,214		1,012,852	8,459,280	»	»	947,715	10,319,080	1,566,000	606,590,097
4,335,205	»	10,593,041	78,608,014	»	53,856,315	3,401,515	6,560,071	7,512,469		834,122	5,012,600	3,596,700	»	1,152,836	5,107,656	342,000	608,342,735
4,394,153	»	14,302,302	137,508,025	»	59,204,527	4,070,938	6,359,954	6,700,993		1,011,580	5,727,300	3,414,600	»	988,683	10,770,343	2,396,850	718,003,642
4,235,174	»	10,289,049	79,059,904	»	48,284,617	4,241,021	5,825,131	7,309,703		1,227,922	10,069,500	3,382,400	»	915,786	11,806,927	1,610,600	637,791,287
4,667,893	»	8,321,106	55,591,645	»	64,800,514	4,521,157	5,490,508	7,847,069		1,242,180	11,752,300	2,461,180	»	1,291,000	10,043,629	618,200	669,292,025
5,239,391	»	8,461,694	80,480,252	»	70,052,060	3,471,232	7,090,462	5,156,175		1,041,030	31,881	2,558,080	»	628,338	8,148,098	360,060	692,878,880
5,276,704	»	13,002,464	87,739,286	»	65,032,583	5,620,162	5,911,277	6,124,415	1,591,186	975,958	1,750,100	3,946,150	»	1,250,119	10,000,000	1,858,337	678,850,100
6,105,247	»	8,525,024	82,169,543	»	53,548,414	5,174,743	5,806,437	8,600,505	1,084,113	1,464,320	2,543,500	2,917,710	»	1,745,881	12,000,000	1,489,110	662,526,402
5,068,804	»	10,849,397	96,660,987	2,713,390	52,942,397	5,604,343	5,107,800	8,564,385	1,088,719	1,504,080	13,068,100	3,211,710	»	2,215,270	14,000,000	1,316,600	638,997,517
5,093,186	»	7,864,886	116,152,010	2,360,022	62,816,589	6,203,463	7,207,956	8,976,671	914,478	1,696,030	21,667,000	4,018,510	»	1,566,077	16,000,000	3,554,640	786,151,637
5,368,026	»	13,536,264	77,983,459	2,611,490	61,267,078	6,033,968	5,355,911	7,981,120	1,224,552	1,530,870	9,678,000	2,701,700	»	2,340,650	18,294,540	1,545,800	732,693,919
5,044,354	»	9,340,094	80,567,929	3,470,714	54,263,637	6,578,397	8,516,065	8,803,289	1,550,832	1,860,800	316,500	3,145,910	»	3,692,338	19,120,110	993,600	701,672,992
5,519,716	»	19,232,840	134,094,770	3,264,800	68,066,951	6,499,647	7,254,839	9,114,152	1,601,833	2,236,300	5,276,050	3,723,505	»	2,107,090	17,321,530	475,120	772,675,780
5,681,024	»	17,177,848	108,024,037	2,000,317	56,060,518	6,010,591	7,701,836	8,922,716	1,686,209	2,580,700	21,231,183	2,438,525	»	751,023	6,001,120	1,076,766	810,505,588
5,857,526	»	10,915,397	107,060,384	3,277,414	67,202,185	5,089,921	8,544,604	8,981,300	2,257,995	3,564,300	17,448,416	4,255,473	»	1,701,086	22,089,664	2,126,283	839,747,432
6,139,373	»	10,680,386	107,597,183	776,088	75,316,073	6,857,444	6,026,590	9,177,764	2,500,029	2,500,000	10,444,309	1,204,135	»	1,960,319	4,203,482	2,201,749	780,989,052
5,818,012	»	23,091,012	172,347,204	6,008,105	67,051,192	6,439,224	6,396,050	9,087,203	1,676,647	2,500,000	5,909,432	2,062,044	»	642,741	9,716,023	1,587,158	804,967,621
5,849,511	»	24,792,026	166,475,765	3,180,055	78,401,504	6,710,160	8,472,001	10,790,860	1,691,079	2,500,000	18,128,760	3,350,000	»	1,861,802	7,430,969	1,508,885	914,202,235
6,165,151	»	12,546,703	123,673,111	3,500,000	72,926,557	7,613,673	6,442,009	10,611,794	1,871,322	2,500,000	23,756,050	4,745,149	»	1,425,335	1,903,445	1,514,783	827,035,903
5,922,209	»	16,858,084	118,463,598	3,500,000	61,036,725	6,757,559	7,411,258	11,045,596	1,610,107	2,500,000	4,514,920	4,040,327	»	1,742,297	11,251,383	2,387,233	825,150,917
5,603,078	»	30,014,879	149,005,654	3,142,838	66,486,755	6,480,961	5,617,035	11,705,481	2,200,347	2,500,000	8,848,230	5,778,497	»	1,049,385	14,137,156	2,004,158	940,623,245
5,425,704	»	25,069,425	144,161,616	7,817,537	84,429,828	6,956,357	7,804,124	10,514,565	1,342,657	2,500,000	19,143,880		»	1,460,244	22,555,961	1,899,632	881,713,600
5,959,490	»	41,946,305	144,802,890		89,392,938		8,092,722	12,625,061	2,149,978								

pour les surfaces ou quantités qu'il n'a pas été possible de recueillir dans des statistiques officielles.

ANNÉES.	ALLEMAGNE.	AUTRICHE-HONGRIE.	BELGIQUE.	BULGARIE.	DANEMARK.	ESPAGNE.	FRANCE.	GRANDE-BRETAGNE ET IRLANDE.	GRÈCE.	ITALIE.	NORVÈGE.	PAYS-BAS.	PORTUGAL.	ROUMANIE.	RUSSIE D'EUROPE ET D'ASIE.	SERBIE.	SUÈDE.
1	2	3	4	5	6	7	8	9	10	11	12	13	14	15	16	17	18
	hectares.	hectares.	hectares.	hectares.	hectares.	hectares.	hectares.	hectares.	hectares.	hectares.	hectares.	hectares.	hectares.	hectares.	hectares.	hectares.	hectares.
1880.	1,815,200	3,505,000	275,756	»	57,031	*3,000,000*	6,870,875	1,237,207	»	*4,434,620*	4,000	92,543	*300,000*	»	*20,000,000*	»	*60,000*
1881.	1,817,400	3,526,179	275,756	»	55,828	*3,000,000*	6,950,114	1,197,138	»	*4,434,620*	4,000	88,706	*300,000*	»	*20,000,000*	»	*60,000*
1882.	1,821,400	3,500,519	*275,756*	»	54,778	*3,000,000*	6,907,792	1,277,193	»	*4,434,620*	4,000	92,911	*300,000*	»	*20,000,000*	»	*60,000*
1883.	1,920,900	3,660,934	*275,756*	»	53,728	*3,000,000*	6,803,821	1,095,642	»	*4,434,620*	4,000	86,656	*300,000*	»	*20,000,000*	»	*60,000*
1884.	1,919,000	3,856,401	275,756	»	52,077	*3,000,000*	7,052,221	1,110,785	»	*4,434,620*	4,000	88,742	*300,000*	»	*20,000,000*	»	*60,000*
1885.	1,913,800	4,096,000	275,756	*680,000*	51,627	*3,300,000*	6,950,765	1,031,506	»	*4,434,620*	4,000	84,763	*300,000*	»	*20,000,000*	»	*62,000*
1886.	1,916,600	4,100,000	283,361	*680,000*	50,577	*3,300,000*	6,956,167	953,048	»	*4,434,620*	4,000	80,649	*300,000*	»	*20,000,000*	»	*62,000*
1887.	1,919,700	4,108,000	*283,361*	*680,000*	49,527	*3,300,000*	6,967,160	904,911	»	*4,434,620*	4,000	85,194	*300,000*	»	*20,000,000*	»	*62,000*
1888.	1,933,300	4,131,000	*283,361*	*680,000*	48,478	*3,300,000*	6,978,134	1,077,706	*160,000*	*4,434,620*	4,000	84,055	*300,000*	*1,339,000*	*20,000,000*	187,744	*62,000*
1889.	1,956,400	4,185,000	*283,361*	*680,000*	46,711	*3,300,000*	7,038,968	1,027,437	*160,000*	*4,434,620*	4,000	85,376	*300,000*	1,330,928	*20,000,000*	187,744	64,408
1890.	1,960,200	4,313,000	*283,361*	*700,000*	44,957	*3,500,000*	7,061,739	1,003,022	*160,000*	*4,407,000*	4,386	84,841	*350,000*	1,509,689	*20,500,000*	187,744	70,574
1891.	1,885,300	4,321,000	*283,361*	*700,000*	43,187	*3,500,000*	5,750,700	911,888	*100,000*	*4,602,000*	4,386	58,583	*350,000*	1,521,051	*20,500,000*	187,744	70,995
1892.	1,975,700	4,397,000	283,361	*700,000*	41,418	*3,500,000*	6,986,625	928,603	*160,000*	4,530,000	4,386	74,216	*350,000*	1,496,072	*20,500,000*	187,744	71,360
1893.	2,044,100	4,620,000	*283,361*	*700,000*	39,654	*3,500,000*	7,073,050	780,910	*160,000*	4,556,000	4,386	70,804	*350,000*	1,303,590	*20,500,000*	317,070	70,731
1894.	1,980,500	4,531,000	*283,361*	*700,000*	27,800	*3,500,000*	6,991,449	800,010	*160,000*	4,574,000	4,386	64,586	*350,000*	1,392,660	*20,500,000*	317,070	70,855
1895.	1,030,800	4,425,000	180,377	*750,000*	36,125	*3,650,000*	7,001,609	588,242	*190,000*	4,593,000	4,386	61,862	*350,000*	1,435,000	*20,500,000*	317,070	71,141
1896.	1,926,800	4,422,000	*180,377*	*750,000*	34,361	*3,650,000*	6,870,352	700,024	*190,000*	4,581,000	4,386	62,265	*350,000*	1,505,210	*20,500,000*	317,070	71,314
1897.	1,920,700	4,071,000	*180,377*	*750,000*	35,600	3,837,731	6,583,776	783,181	*190,000*	*4,581,000*	4,386	62,199	*350,000*	1,595,090	*20,500,000*	279,743	72,090
1898.	1,969,300	4,358,000	*180,377*	782,491	36,913	3,861,977	6,953,711	871,994	*190,000*	*4,581,000*	4,386	73,088	*300,000*	1,453,600	*20,500,000*	281,034	73,981
1899.	2,016,500	4,487,000	*180,377*	825,686	38,210	3,663,428	6,940,210	830,337	*190,000*	*4,581,000*	4,386	71,836	*300,000*	1,661,360	*20,500,000*	403,819	75,449
1900.	2,049,200	4,629,000	165,937	820,000	39,643	3,868,676	6,864,070	768,470	*190,000*	*4,581,000*	5,074	63,848	*280,000*	1,589,490	21,179,498	310,032	77,888
1901.	1,581,420	4,657,817	165,781	815,000	13,048	3,711,937	6,793,783	705,700	*190,000*	4,820,000	5,074	54,452	*280,000*	1,636,560	21,976,180	304,814	78,937
1902.	1,012,215	4,680,003	168,227	810,000	40,927	3,692,931	6,563,711	716,562	*190,000*	4,730,000	5,074	61,655	*280,000*	1,486,485	22,302,308	325,584	81,882
1903.	1,807,475	4,780,509	143,820	807,480	40,898	3,635,506	6,478,728	635,231	*190,000*	4,850,000	5,074	55,518	*280,000*	1,605,657	23,155,838	348,062	81,130
1904.	1,917,513	4,810,239	159,118	915,473	40,871	3,651,507	6,528,898	569,013	*190,000*	5,396,957	5,074	54,081	*280,000*	1,720,390	23,051,152	366,309	80,900
1905.	1,027,127	4,848,183	162,892	970,570	40,842	3,593,307	6,509,711	742,491	*195,000*	5,315,304	5,074	60,972	*260,000*	1,958,250	25,174,116	372,143	83,260
1906.	1,935,993	5,014,420	150,073	1,009,028	40,815	3,762,898	6,516,158	728,253	*195,000*	5,136,654	5,074	56,796	*260,000*	2,022,843	27,537,387	372,868	85,820
1907.	1,746,787	4,731,533	158,845	977,180	40,512	3,607,035	6,577,600	900,877	*195,000*	5,116,000	5,021	54,411	*260,000*	1,714,317	27,021,921	367,603	87,774
1908.	1,884,000	5,031,878	152,803	980,442	40,512	3,756,721	6,564,370	673,182	*195,000*	5,107,600	5,021	56,269	*260,000*	1,801,685	27,237,125	379,665	91,015
1909.	1,831,383	4,751,629	137,765	1,040,140	40,512	3,782,695	6,596,240	755,614	*195,000*	4,709,000	5,021	51,208	*260,000*	1,689,044	29,008,397	378,048	92,500
1910.	1,942,916	5,007,578	154,000	1,088,606	40,512	3,809,464	6,554,370	751,133	*195,000*	4,738,660	5,021	54,748	*260,000*	1,948,217	31,385,825	385,833	97,517
1911.	1,974,197	4,928,937	153,000	1,118,409	40,512	3,927,892	6,433,360	763,869		4,751,600	5,021	57,539	*260,000*	1,930,164	29,877,812	385,466	101,466
1912.			166,500	1,120,500	40,512	3,851,472	6,555,500	772,206			5,021	57,682	*260,000*	2,069,420	28,854,100		

(1) Pour permettre la comparaison des tableaux récapitulatifs concernant les superficies cultivées, la production et les disponibilités du blé dans le monde on y a fait figurer *en italique* des évaluations pour

BLÉ DANS LE MONDE.

SUISSE.	TURQUIE.	CANADA.	ÉTATS-UNIS.	MEXIQUE.	INDES-BRITANNIQUES.	JAPON.	ALGÉRIE.	ÉGYPTE.	TUNISIE.	LE CAP.	RÉPUBLIQUE ARGENTINE.	CHILI.	PÉROU.	URUGUAY.	AUSTRALIE.	NOUVELLE-ZÉLANDE.	TOTAL.
19	20	21	22	23	24	25	26	27	28	29	30	31	32	33	34	35	36
hectares.	hectares.	hectares.	hectares.	hectares.	hectares.	hectares.	hectares.	hectares.	hectares.	hectares.	hectares.	hectares.	hectares.	hectares.	hectares.	hectares.	hectares.
35,000	»	900,000	15,086,320	»	»	479,000	1,338,820	360,000	»	70,000	800,000	»	»	»	1,366,861	131,500	62,228,820
35,000	»	957,620	15,256,860	»	»	363,000	1,322,563	360,000	»	70,000	800,000	»	»	»	1,362,906	148,080	62,394,770
35,000	»	718,420	14,997,100	»	»	367,000	1,245,451	360,000	»	70,000	800,000	»	»	»	1,492,414	161,100	61,984,254
35,000	»	765,800	14,749,900	»	»	572,000	1,338,529	360,000	»	70,000	800,000	»	»	»	1,496,553	152,900	62,315,935
35,000	»	766,080	15,971,800	»	9,000,000	388,000	1,375,096	360,000	»	70,000	800,000	»	»	»	1,481,048	109,500	72,510,726
38,000	»	820,400	13,821,900	»	9,000,000	396,000	1,315,375	400,000	»	75,000	800,000	»	»	»	1,300,242	70,400	71,243,154
38,000	»	747,820	14,891,500	»	9,006,000	400,000	1,246,518	400,000	»	75,000	800,000	»	»	»	1,347,667	102,420	72,165,947
38,000	»	734,200	15,229,800	»	9,000,000	387,000	1,235,577	400,000	»	75,000	800,000	»	»	»	1,636,693	144,640	72,859,722
38,000	580,000	693,000	15,106,000	»	9,000,000	401,000	1,239,054	400,000	»	75,000	821,000	500,000	»	»	1,562,039	146,600	75,568,781
38,000	580,000	745,800	15,424,800	»	9,000,000	432,000	1,113,329	400,000	»	75,000	824,000	500,000	»	»	1,566,290	136,400	74,919,662
39,000	580,000	1,108,100	14,600,200	»	10,755,000	454,000	1,302,862	450,000	»	80,000	1,202,200	450,000	»	»	1,431,425	122,060	83,108,074
39,000	580,000	921,400	16,150,200	»	9,907,620	425,000	1,253,135	450,000	»	80,000	1,320,000	450,000	»	»	1,512,650	163,010	78,585,462
39,000	580,000	1,008,000	13,598,700	»	8,166,000	430,000	1,280,467	450,000	»	80,000	1,600,000	450,000	»	159,210	1,547,110	154,300	76,115,341
39,000	580,000	920,200	14,003,000	»	8,693,000	433,000	1,312,903	450,000	»	80,000	1,840,000	450,000	»	207,392	1,685,775	98,260	77,175,186
39,000	580,000	817,100	14,105,000	»	8,980,000	437,000	1,282,455	450,000	»	80,000	2,000,000	450,000	»	203,796	1,557,706	60,160	77,109,404
40,000	600,000	852,600	13,769,400	»	9,200,000	443,000	1,320,723	475,600	348,502	85,000	2,260,200	400,000	»	203,796	1,530,031	99,380	77,691,304
40,000	600,000	862,600	13,999,000	»	7,397,000	438,000	1,262,260	475,000	291,977	85,000	2,500,000	400,000	»	203,796	1,800,957	114,000	76,588,368
40,000	600,000	1,045,800	15,969,000	260,000	6,547,000	454,000	1,263,852	475,000	321,097	85,000	2,600,000	400,000	»	203,796	1,891,421	110,080	78,113,325
40,000	600,000	1,324,000	17,825,000	260,000	8,070,000	462,000	1,257,604	500,420	365,053	85,000	3,200,000	400,000	»	203,796	2,384,950	161,920	87,993,800
40,000	600,000	1,404,000	18,042,300	300,000	8,183,000	461,000	1,303,582	521,343	376,668	85,000	3,250,000	400,000	»	271,446	2,386,912	109,480	84,507,340
41,000	600,000	1,709,700	17,197,900	300,000	6,516,000	464,675	1,318,359	532,474	412,687	70,000	3,380,000	400,000	»	377,700	2,377,431	81,250	83,167,088
41,000	600,000	1,631,453	20,192,413	300,000	9,057,506	483,281	1,308,286	544,221	401,096	70,000	3,296,086	349,865	»	292,616	2,070,329	66,150	80,093,765
41,000	620,000	1,600,751	18,697,659	350,000	9,488,192	480,177	1,386,700	547,246	436,109	70,000	3,695,343	268,021	»	265,638	2,086,550	78,652	88,143,605
41,000	600,000	1,787,212	20,017,977	350,000	9,467,600	466,025	1,417,598	519,529	462,050	70,000	4,320,000	422,487	»	265,638	2,252,586	93,216	91,479,873
41,000	600,000	1,792,090	17,836,061	400,000	11,498,474	454,855	1,314,732	524,627	486,377	70,000	4,903,124	389,745	»	260,770	2,537,254	101,114	92,952,558
42,000	550,000	2,008,617	19,366,067	400,000	11,521,321	449,731	1,374,620	495,479	369,793	65,000	5,675,203	365,000	»	288,466	2,477,753	89,913	101,317,037
42,000	550,000	2,466,818	19,144,106	400,000	10,666,313	439,520	1,311,695	512,574	407,106	65,000	5,692,268	410,000	»	232,258	2,420,871	83,439	99,720,531
42,000	550,000	2,466,769	18,296,440	400,000	11,821,714	440,349	1,318,221	511,803	456,061	65,000	5,759,987	460,400	»	247,606	2,178,761	78,146	98,632,151
43,000	500,000	2,675,056	19,215,843	400,000	9,271,745	445,865	1,455,679	490,523	439,108	65,000	6,063,100	556,762	80,000	276,787	2,129,018	102,138	98,478,610
42,400	500,000	3,136,432	17,011,984	400,000	10,517,144	447,645	1,380,270	524,791	404,822	65,000	5,836,550	411,789	80,000	276,787	2,665,318	125,855	100,200,833
42,490	467,173	3,701,420	18,486,644	450,000	11,374,138	471,532	1,438,464	525,823	492,956	60,000	6,253,180	510,606	75,000	257,609	2,983,485	130,121	92,297,091
42,365	»	4,198,133	20,049,537	»	12,338,612	495,079	1,337,411	519,984	567,000	»	4,953,000				2,081,000	130,375	
42,365	»	4,665,941	18,188,792	»	12,349,913	505,000	1,462,714	538,935	511,000	»	6,897,000				2,919,000	87,218	

Les surfaces ou quantités qu'il n'a pas été possible de recueillir dans des statistiques officielles.

ANNÉES.	ALLEMAGNE.	AUTRICHE-HONGRIE.	BELGIQUE.	BULGARIE.	DANEMARK.	ESPAGNE.	FRANCE.	GRANDE-BRETAGNE et IRLANDE.	GRÈCE.	ITALIE.	NORVÈGE.	PAYS-BAS	PORTUGAL.	ROUMANIE.	RUSSIE D'EUROPE et D'ASIE.	SERBIE.	SUÈDE.
1	2	3	4	5	6	7	8	9	10	11	12	13	14	15	16	17	18
	quintaux.	quintaux.	quintaux.	quintaux.	quintaux.	quintaux.	quintaux.	quintaux.	quintaux.	quintaux.	quintaux.	quintaux.	quintaux.	quintaux.	quintaux.	quintaux.	quintaux.
1880.	12.9	10.04	18.14	»	24.3	»	10.92	16.71		6.90	10.30	16.80		»	»	»	10.30
1881.	11.3	9.72	15.45	»	13.5	»	10.43	16.38		0.18	9.36	13.90		»	»	»	9.36
1882.	14.0	13.24	17.77	»	22.2	»	13.48	17.47		9.22	13.30	15.40		»	»	»	13.30
1883.	12.2	9.27	17.69	»	22.8	»	11.05	19.15		7.11	11.40	17.17		»	»	»	11.40
1884.	12.9	10.33	17.46	»	24.3	»	12.51	20.94		»	15.23	17.55		»	»	»	14.23
1885.	13.6	11.11	18.45	»	27.0	»	12.24	21.91		»	14.00	19.92		»	»	»	15.00
1886.	13.9	10.13	18.15	»	25.4	»	11.84	18.95		»	14.31	17.02		»	»	»	14.31
1887.	14.7	13.53	19.81	»	29.4	»	12.50	22.42		»	16.50	21.37		»	»	»	16.50
1888.	13.1	12.78	13.23	»	18.4	»	10.74	19.59		»	15.12	16.35		»	»	»	15.12
1889.	12.1	8.89	19.27	»	24.3	»	11.82	20.94		»	14.37	20.00		9.90	»	13.38	14.37
1890.	11.4	12.55	19.34	»	22.1	»	12.70	21.47		10.51	15.00	16.98		9.37	»	»	15.90
1891.	[illegible]	11.75	15.96		26.0		10.94	21.99		11.07	10.30	13.41		8.32	»	»	16.39
1892.	16.0	12.40	20.81	»	27.8	»	12.10	18.56		9.00	16.39	19.12		11.32	»	»	16.39
1893.	14.7	12.45	18.63	»	26,4	»	10.68	18.29		10.46	11.70	18.32		12.30	»	6.20	14.70
1894.	15.2	12.11	19.27	»	31.9	»	13.40	21.51		9.37	16.46	17.08		8.25	»	»	16.46
1895.	14.5	13.05	19.62	»	26.1	»	13.20	17.34		9.03	13.99	18.30		12.60	»	»	13.90
1896.	15.6	12.49	20.95	»	29.2	»	13.48	23.66		11.17	17.40	21.45		12.52	»	»	17.40
1897.	15.2	8.14	18.24	»	26.7	6.60	10.01	16.23		»	17.17	18.22		6.07	»	13.10	17.17
1898.	18.4	11.64	21.04	11.52	22.9	8.80	14.26	24.29		»	16.50	19.57		10.63	»	9.30	16.50
1899.	10.1	12.16	18.24	7.13	28.0	7.30	14.33	22.96		»	15.97	18.75		4.12	»	7.80	15.97
1900.	18.7	11.35	22.21	13.26	28.0	7.10	12.91	19.24		»	17.47	19.35		9.80	6.40	6.01	19.23
1901.	15.8	10.43	23.20	10.67	20.4	10.00	12.45	20.80		9.40	17.08	20.80		11.90	5.30	6.65	14.60
1902.	20.4	13.31	23.50	13.42	30.1	9.80	13.59	22.13		7.90	14.18	20.20		14.50	7.41	9.68	15.14
1903.	19.7	12.07	23.40	12.00	29.7	9.70	15.24	20.28		10.05	16.43	20.50		12.80	7.30	8.30	18.51
1904.	19.8	11.35	23.60	12.60	28.5	7.10	12.49	18.14		8.50	11.35	21.90		8.80	7.87	9.44	17.22
1905.	19.2	12.63	20.70	9.70	27.1	7.00	14.00	22.11		8.30	17.59	21.50		24.00	6.87	7.08	18.25
1906.	20.3	14.43	23.50	10.50	27.8	10.20	13.72	22.66		9.40	16.21	23.30		15.10	5.37	8.03	21.58
1907.	[illegible]	[illegible]	[illegible]	[illegible]	[illegible]	[illegible]	[illegible]	[illegible]		[illegible]	[illegible]	[illegible]		5.80	5.75	6.27	18.90
1908.	20.0	12.30	23.90	10.10	29.0	8.70	13.13	22.46		8.20	17.83	24.40		8.40	6.27	8.24	20.95
1909.	20.5	10.50	23.20	8.40	25.7	10.40	11.81	23.14		11.00	16.93	21.70		9.50	7.93	11.60	20.33
1910.	19.9	12.90	22.00	10.60	30.6	9.80	10.50	21.08		8.80	15.46	21.70		15.02	7.25	9.02	21.23
1911.	20.6	13.75	26.00	17.5	30.0	10.30	13.63	22.20		11.02	19.02	26.30		13.50	4.64	10.78	22.03
1912.			25.00	15.5	36.1	7.90	13.90	22.30			15.80	21.70		11.80	7.07		

SUISSE.	TURQUIE.	CANADA.	ÉTATS-UNIS.	MEXIQUE.	INDES BRITANNIQUES.	JAPON	ALGÉRIE.	ÉGYPTE.	TUNISIE.	LE CAP.	RÉPUBLIQUE ARGENTINE.	CHILI.	PÉROU.	URUGUAY.	AUSTRALIE.	NOUVELLE-ZÉLANDE.	ANNÉES.
19	20	21	22	23	24	25	26	27	28	29	30	31	32	33	34	35	1
quintaux.	quintaux.	quintaux.	quintaux.	quintaux.	quintaux.	quintaux.	quintaux.	quintaux.	quintaux.	quintaux.	quintaux.	quintaux.	quintaux.	quintaux.	quintaux.	quintaux.	
		9.44	7.66			12.8	5.1								6.3	16.8	1880.
		8.77	6.66			7.8	3.1								6.1	19.1	1881.
		15.37	8.88			9.4	5.8								6.4	14.1	1882.
		9.35	7.58			8.9	4.8								8.3	14.8	1883.
		14.74	8.49			9.8	6.2								6.8	17.0	1884.
		12.40	6.70			8.5	5.0								5.5	16.4	1885.
		12.14	8.00			11.2	5.3								6.5	16.7	1886.
		12.01	7.90			10.9	4.7								3.0	17.7	1887.
		12.95	7.25			10.7	4.4				7.9				4.3	16.3	1888.
		11.30	8.23			10.4	4.7								6.7	16.8	1889.
		9.15	7.25		5.70	7.5	5.9				7.0				6.1	12.7	1890.
		16.45	9.90		7.55	11.7	5.7				7.4				6.5	17.9	1891.
		13.00	8.75		6.88	10.0	4.2				9.0			5.7	7.2	14.8	1892.
		12.22	7.45		8.21	10.6	4.2				12.1			7.5	9.5	13.5	1893.
		14.14	8.62		8.21	12.6	6.6				8.3			12.0	5.5	16.3	1894.
		18.13	8.93		7.72	12.5	5.4		4.98		5.0				4.3	18.7	1895.
19.13		12.01	8.00		7.39	11.3	4.9		2.05		3.4				3.4	14.1	1896.
		12.91	8.75		8.32	11.7	4.3		2.60		5.6				3.4	11.5	1897.
		11.61	9.99		9.07	12.0	5.9	15.0	3.12		8.9				4.0	21.8	1898.
		12.39	8.05		8.49	12.5	4.6	14.8	2.73		8.5			11.0	6.4	21.5	1899.
		8.84	8.27		8.35	12.05	6.0	15.0	3.32		6.0			11.5	6.2	21.1	1900.
		14.80	10.01		7.50	12.20	6.7	14.7	3.15		4.7	10.7		7.1	5.1	16.0	1901.
		10.50	9.80		8.50	11.10	6.6	14.6	2.70		7.6	10.2		5.4	1.6	25.8	1902.
	?	12.40	8.70		8.60	5.40	6.5	15.4	2.58		8.2	11.6			9.0	23.0	1903.
		11.00	8.40		8.50	11.50	5.3	13.3	4.90		8.4	8.4		7.9	5.8	23.8	1904.
		11.60	9.70		6.70	10.80	5.0	10.1	3.00		6.5	9.1		4.3	7.5	20.6	1905.
		15.00	10.03		8.20	12.90	7.0	10.6	3.30		7.5			7.4	7.5	18.3	1906.
		10.30	9.40		7.30	13.70	6.4	10.6	3.00		9.1	11.2		8.2	5.0	19.4	1907.
22.10		11.40	9.40		6.70	13.40	5.5	17.8	2.30		7.0	10.8		8.5	8.0	23.4	1908.
22.90		14.30	10.40		7.30	13.50	7.0	17.7	4.32		6.1	15.8	9.7	0.9	9.2	19.0	1909.
17.70	14.1	10.90	9.40		8.60	13.70	6.8	10.9	2.23		6.4	12.6	20.0	6.3	8.7	17.3	1910.
22.60		14.00	8.40		8.30	13.70	7.4	19.0	4.15		7.5				8.7	17.3	1911.
20.00		12.60	10.20		8.10	13.20	5.1	14.6	2.25		6.7				7.0	24.7	1912

IIIᵉ PARTIE.

PRIX MOYENS DU QUINTAL DE BLÉ EXPRIMÉS EN FRANCS.

TABLEAU RÉCAPITULATIF

des prix moyens de l'hectolitre et du quintal de froment pour la France pendant les années 1801-1912.

(Mercuriales.)

ANNÉES.	PRIX MOYENS DE L'HECTOLITRE.													PRIX MOYENS du quintal.
	JANVIER.	FÉVRIER.	MARS.	AVRIL.	MAI.	JUIN.	JUILLET.	AOÛT.	SEPTEMBRE.	OCTOBRE.	NOVEMBRE.	DÉCEMBRE.	PRIX moyens de l'année.	
1	2	3	4	5	6	7	8	9	10	11	12	13	14	15
	fr. c.	fr. c.	fr. c.	fr. c.	fr. c.	fr. c.	fr. c.	fr. c.	fr. c.	fr. c.	fr. c.	fr. c.	fr. c.	fr. c.
1801......	21 86	21 70	21 53	21 98	22 09	23 60	23 73	22 54	21 25	21 82	21 00	21 97	22 19	28 81
1802......	22 80	23 47	24 22	25 20	26 70	28 42	25 95	25 05	24 00	25 02	25 30	25 62	25 14	32 64
1803......	25 76	25 65	25 62	24 73	23 73	23 67	22 98	21 50	21 30	20 36	19 75	19 45	22 88	29 71
1804......	19 19	18 97	18 95	18 47	17 97	16 94	18 16	19 05	18 42	17 87	18 09	18 23	18 36	23 84
1805......	18 19	18 05	19 21	19 33	19 73	20 77	21 08	21 30	21 20	20 97	21 45	20 71	20 22	26 25
1806......	20 89	20 70	20 69	20 72	20 60	20 05	19 71	19 60	19 18	19 34	19 24	19 08	20 00	25 97
1807......	19 13	19 27	19 47	19 98	19 86	19 83	19 01	17 89	17 29	17 36	17 11	17 02	18 60	24 15
1808......	16 99	17 32	17 67	17 79	17 59	17 42	16 78	16 11	15 60	15 58	15 71	15 54	16 67	21 64
1809......	15 36	15 33	15 22	15 11	15 08	14 64	14 64	14 74	15 08	15 53	15 54	15 82	15 17	19 70
1810......	16 37	16 97	17 35	17 81	18 12	19 41	19 98	20 87	21 73	23 58	25 18	25 74	20 26	26 31
1811......	26 26	26 31	25 99	25 51	24 22	23 49	23 88	25 84	26 80	28 25	29 17	30 31	[illegible]	[illegible]
1812......	31 10	33 93	36 43	41 42	40 21	35 95	33 60	33 39	27 42	28 21	28 60	29 59	33 00	42 85
1813......	29 05	28 33	26 75	25 29	24 33	22 35	21 80	20 43	19 72	19 60	18 56	17 68	22 82	29 63
1814......	16 13	16 63	17 43	18 51	18 57	17 04	16 65	17 77	18 30	18 34	18 37	18 41	17 73	23 02
1815......	18 31	18 10	17 49	17 43	17 34	18 11	19 02	21 03	21 18	21 76	21 74	22 22	19 53	25 30
1816......	22 24	23 46	25 18	27 02	27 62	29 01	30 02	29 23	28 57	30 26	32 86	33 69	28 31	36 76
1817......	34 96	36 46	37 29	39 60	44 94	45 46	39 19	32 32	31 03	31 67	31 62	32 38	36 16	46 96
1818......	30 57	28 02	26 28	25 21	22 68	23 57	24 76	24 87	23 80	22 98	21 90	21 39	24 65	32 01
1819......	20 77	20 52	20 73	19 88	19 18	19 24	19 05	18 10	16 21	15 84	15 54	15 37	18 42	23 92
1820......	15 44	16 58	17 76	18 01	20 49	20 93	19 70	19 26	19 93	19 91	20 33	20 54	19 13	25 51
1821......	20 08	19 76	19 43	18 76	18 19	18 06	18 06	17 26	16 46	16 26	15 74	13 46	17 79	23 72
1822......	15 37	15 19	14 69	14.72	14 90	14 88	16 29	16 00	15 75	15 78	15 99	16 34	15 49	20 66
1823......	16 63	17 57	18 90	19 12	18 58	18 13	18 28	17 19	16 31	16 47	16 48	16 50	17 52	23 36
1824......	16 58	16 66	16 71	16 96	16 68	16 47	16 34	15 77	15 36	15 51	15 76	15 82	16 22	21 03
1825......	15 76	15 69	15 55	15 45	15 62	15 70	15 56	15 74	15 82	15 96	16 03	16 04	15 74	20 99
1826......	16 02	15 97	15 76	15 66	15 94	16 07	15 71	15 73	15 50	15 66	15 91	16 22	15 85	21 14
1827......	16 59	16 82	17 08	16 90	16 61	17 02	16 91	17 85	18 85	19 83	21 87	22 13	18 21	23 28
1828......	22 33	22 55	22 61	22 45	21 43	21 22	21 48	21 50	21 41	22 02	22 68	22 68	22 03	29 38
1829......	22 72	22 75	22 55	23 84	24 68	23 50	22 55	21 42	21 24	22 35	22 08	21 29	22 59	30 00
1830......	21 51	21 07	21 60	22 07	22 81	22 87	22 95	22 56	22 90	22 90	22 89	22 33	[illegible]	[illegible]
1831......	22 08	22 12	21 73	21 42	21 72	22 48	22 81	22 56	22 22	22 22	21 94	21 90	22 10	29 95
1832......	22 18	22 86	23 94	24 45	25 44	26 19	23 10	20 57	18 96	18 43	18 06	17 98	21 85	28 65
1833......	17 89	17 65	17 31	16 88	16 44	17 20	17 24	16 29	15 93	15 71	15 48	15 34	16 62	21 80
1834......	15 32	15 24	14 87	15 46	15 36	15 18	15 28	15 25	15 03	15 31	15 30	15 48	15 25	20 20
1835......	15 53	15 63	15 79	15 71	15 56	15 38	15 15	14 65	14 44	14 82	15 21	15 17	15 25	20 16
1836......	15 30	15 68	16 23	16 07	17 84	17 70	17 12	17 61	17 96	18 47	18 53	18 72	17 32	23 90
1837......	18 95	18 89	18 78	18 77	18 96	19 01	18 54	17 87	17 87	18 15	18 25	18 29	18 53	24 57
1838......	18 28	18 44	18 64	18 81	18 88	18 76	19 02	19 26	19 92	20 79	21 50	21 89	19 61	25 83

TABLEAU RÉCAPITULATIF

des prix moyens de l'hectolitre et du quintal de froment pour la France pendant les années 1801-1912.

(Mercuriales.) [Suite.]

ANNÉES.	PRIX MOYENS DE L'HECTOLITRE.												PRIX moyens de l'année.	PRIX MOYENS du quintal.
	JANVIER.	FÉVRIER.	MARS.	AVRIL.	MAI.	JUIN.	JUILLET.	AOÛT.	SEPTEMBRE.	OCTOBRE.	NOVEMBRE.	DÉCEMBRE.		
1	2	3	4	5	6	7	8	9	10	11	12	13	14	15
	fr. c.	fr. c.	fr. c.	fr. c.	fr. c.	fr. c.	fr. c.	fr. c.	fr. c.	fr. c.	fr. c.	fr. c.	fr. c.	fr. c.
1839	22 15	21 86	21 08	21 55	21 41	21 43	22 03	22 43	22 76	23 00	22 80	22 51	22 14	28 90
1840	22 54	22 50	23 27	24 37	24 14	23 94	22 86	20 85	19 78	19 60	19 11	19 14	21 84	28 40
1841	18 89	18 72	18 18	17 50	17 02	16 94	17 94	19 41	19 37	19 57	19 50	19 31	18 54	24 95
1842	19 29	19 27	18 92	18 86	18 92	19 07	19 43	19 84	20 14	20 20	20 02	19 79	19 55	25 43
1843	19 73	19 73	19 88	19 62	19 83	21 21	21 93	21 63	20 62	20 56	20 46	20 35	20 40	27 40
1844	20 29	20 45	20 94	21 01	20 80	20 72	19 76	19 00	18 75	18 06	18 31	18 25	19 75	25 96
1845	18 19	18 45	18 57	18 48	18 59	18 96	19 33	20 17	20 30	21 51	22 27	22 32	19 75	26 44
1846	22 36	22 65	22 42	22 26	22 48	22 93	22 02	24 00	24 90	25 07	27 59	28 01	24 05	31 70
1847	30 16	33 50	37 69	37 54	37 98	33 50	28 42	23 63	22 57	22 01	20 70	20 36	29 01	38 22
1848	20 01	19 34	18 12	16 59	16 58	15 88	15 67	15 53	15 80	15 68	15 33	15 22	16 65	21 83
1849	15 58	15 73	15 71	15 74	15 87	15 63	15 70	15 63	15 02	14 82	14 52	14 39	15 37	20 20
1850	14 40	14 39	14 15	14 02	14 24	14 12	13 80	14 54	14 93	14 69	14 34	14 05	14 32	19 12
1851	13 89	13 02	14 00	14 00	14 11	14 55	15 26	14 87	14 60	14 72	14 72	15 03	14 48	19 01
1852	16 80	17 32	17 60	17 22	16 99	16 80	16 23	17 10	17 22	17 03	17 74	18 13	17 23	23 28
1853	18 06	18 12	18 12	17 82	17 77	19 55	21 26	23 40	25 76	28 09	30 11	30 57	22 30	29 64
1854	31 76	30 93	30 17	29 98	30 45	32 08	30 29	25 86	24 85	25 97	26 40	26 51	28 82	38 31
1855	27 16	27 09	26 25	26 16	27 03	29 29	28 06	29 87	32 29	32 31	33 01	33 27	29 32	38 94
1856	31 90	30 24	29 62	27 82	30 29	33 03	33 93	32 74	30 53	30 45	29 76	28 60	30 75	40 47
1857	28 70	29 02	28 52	27 82	28 15	27 71	24 12	21 96	20 58	19 04	18 58	18 27	24 37	31 50
1858	17 95	17 60	17 41	16 64	16 60	16 88	17 58	16 79	16 20	15 91	15 71	15 68	16 75	21 87
1859	15 62	15 60	15 58	15 78	17 03	16 89	16 54	17 05	16 97	17 65	17 92	18 21	16 74	22 26
1860	18 20	18 51	18 90	19 62	20 27	21 33	20 30	20 79	20 48	21 34	21 56	21 49	20 24	26 88
1861	22 31	22 61	23 13	23 18	23 73	23 57	23 38	25 32	27 21	26 97	26 57	26 55	24 55	32 36
1862	26 25	25 93	25 37	23 90	23 39	22 62	23 26	23 00	22 16	21 40	21 04	20 61	23 24	30 50
1863	20 74	20 93	20 91	20 71	20 47	21 05	20 00	19 40	18 74	18 18	17 83	17 78	19 78	25 55
1864	17 76	18 15	18 12	18 26	18 35	18 60	18 76	17 35	16 87	16 67	16 45	16 23	17 58	23 54
1865	16 16	16 20	16 46	16 66	16 36	16 29	16 34	16 64	16 26	16 26	16 06	16 68	16 41	21 88
1866	16 60	16 63	16 70	16 81	17 22	18 64	19 68	21 43	21 96	22 60	22 84	24 02	19 61	26 33
1867	25 81	25 03	24 98	25 35	25 25	24 72	25 08	26 11	26 81	27 72	28 75	28 66	26 10	34 74
1868	29 01	30 72	31 68	32 35	31 14	27 79	26 11	23 00	22 27	22 27	21 92	21 37	26 64	34 69
1869	21 52	21 10	20 65	20 38	19 90	20 42	20 36	20 44	20 23	10 92	19 68	19 36	20 33	26 04
1870	19 13	19 08	19 10	19 29	20 29	23 22	22 80	21 66	19 52	19 61	20 95	22 12	20 56	26 70
1871	23 63	23 90	26 28	26 52	26 55	26 60	25 00	25 02	25 60	26 14	26 17	25 89	25 65	34 16
1872	25 50	24 80	23 71	23 28	24 02	24 23	22 75	21 80	21 31	21 92	22 10	22 16	23 15	30 58
1873	22 24	22 59	23 17	23 44	24 97	25 60	25 53	27 47	27 85	27 03	28 34	28 37	25 62	33 57
1874	28 69	28 80	28 72	28 89	29 54	29 85	26 51	21 44	20 08	17 92	19 41	19 36	25 11	32 06
1875	19 21	19 03	18 91	18 94	18 51	18 59	20 05	20 21	19 61	19 48	19 62	19 74	19 32	23 54
1876	19 55	19 65	20 02	20 47	21 34	21 10	19 75	20 00	20 98	21 13	21 33	21 58	20 50	26 59

TABLEAU RÉCAPITULATIF

des prix moyens de l'hectolitre et du quintal de froment pour la France pendant les années 1801-1912.

(Mercuriales.) [Suite.]

ANNÉES.	PRIX MOYENS DE L'HECTOLITRE.												PRIX moyens de l'année.	PRIX MOYENS du quintal.
	JANVIER.	FÉVRIER.	MARS.	AVRIL.	MAI.	JUIN.	JUILLET.	AOÛT.	SEPTEMBRE.	OCTOBRE.	NOVEMBRE.	DÉCEMBRE.		
	2	3	4	5	6	7	8	9	10	11	12	13	14	15
	fr. c.	fr. c.	fr. c.	fr. c.	fr. c.	fr. c.	fr. c.	fr. c.	fr. c.	fr. c.	fr. c.	fr. c.	fr. c.	fr. c.
1877	21 83	21 70	21 83	22 64	24 84	24 12	24 00	24 40	23 04	23 00	23 66	23 44	23 44	31 09
1878	23 14	23 32	23 35	24 20	24 10	23 60	23 09	23 34	22 79	22 02	21 41	21 10	23 00	29 96
1879	20 68	20 59	20 89	20 81	21 17	21 13	21 34	21 35	21 74	23 19	23 68	23 99	21 72	28 20
1880	24 20	24 26	24 21	23 97	24 20	24 30	23 42	21 70	20 61	20 86	21 13	21 28	22 85	29 96
1881	21 11	21 20	21 38	21 60	21 72	21 62	21 49	22 39	22 84	23 28	23 08	23 06	22 06	28 82
1882	23 12	23 14	23 19	23 14	23 20	23 28	23 11	21 42	19 77	19 31	19 23	19 34	21 77	27 69
1883	19 21	19 30	19 34	19 32	19 37	19 25	18 94	19 28	19 31	19 28	19 15	18 87	19 21	24 83
1884	18 82	18 57	18 62	18 61	18 21	18 68	18 65	17 79	16 83	16 62	16 69	16 62	17 89	23 10
1885	16 66	16 52	16 79	16 81	17 59	16 96	17 16	16 50	16 51	16 77	16 75	16 71	16 82	21 71
1886	16 70	16 84	17 02	17 18	17 20	17 21	17 24	17 08	16 91	16 84	16 81	16 71	16 97	22 84
1887	16 97	17 26	17 80	18 74	19 67	20 21	19 05	17 68	17 34	17 30	17 36		18 17	[illegible]
1888	18 15	18 82	18 87	18 88	19 00	18 75	19 00	19 30	18 94	19 12	19 00	18 71	18 87	24 79
1889	18 77	19 01	19 14	18 92	18 83	18 35	18 05	18 19	18 27	18 29	18 03	18 22	18 50	24 00
1890	18 61	18 89	18 98	19 08	19 40	19 76	20 28	19 17	18 62	18 64	18 59	18 89	19 07	24 06
1891	19 34	19 70	20 24	21 12	21 56	21 43	20 44	20 52	20 41	20 20	20 15	20 01	20 43	27 12
1892	19 71	19 55	19 53	19 09	18 93	18 79	18 04	17 65	17 23	17 33	17 07	16 94	18 32	23 59
1893	16 95	17 05	16 82	16 77	17 08	16 79	16 48	16 38	16 47	16 44	16 04	16 12	16 62	21 38
1894	16 18	16 32	16 20	16 04	15 72	15 81	15 71	15 33	14 89	14 43	14 48	14 43	15 47	19 85
1895	14 55	14 77	14 83	14 65	14 62	14 84	14 63	14 37	14 29	14 48	14 31	14 38	14 56	18 62
1896	14 40	14 45	14 44	14 45	14 55	14 87	14 85	14 43	14 22	14 57	15 43	15 91	14 72	19 20
1897	16 49	16 82	16 69	16 05	17 13	17 57	17 87	20 47	20 88	21 22	22 14	20 35	18 86	24 84
1898	22 24	22 50	23 40	23 33	24 00	22 59	20 24	17 47	16 05	17 03	16 98	17 59	20 36	25 47
1899	16 09	16 79	16 29	16 25	15 89	15 36	15 20	14 71	14 47	14 49	14 08	14 04	15 35	19 68
1900	14 21	14 62	14 72	14 88	14 66	14 58	14 58	14 47	14 63	14 69	14 69	14 83	14 63	19 08
1901	14 71	14 80	14 83	14 91	14 95	15 20	15 26	15 98	15 92	15 81	15 83	16 01	15 35	20 07
1902	16 27	16 38	16 34	16 41	16 64	17 09	17 65	16 67	16 14	16 16	16 40	16 36	16 54	21 45
1903	16 36	17 41	17 58	18 19	18 74	18 29	18 02	17 08	16 11	16 54	16 35	14 44	17 27	22 36
1904	15 96	16 43	16 61	16 55	16 17	15 58	15 61	16 28	17 36	17 51	17 72	17 79	16 63	21 33
1905	17 83	17 82	17 81	18 06	18 20	18 14	17 93	16 92	17 13	17 32	17 46	17 69	17 70	22 86
1906	17 87	17 86	17 84	17 81	17 94	17 80	17 81	17 45	17 50	17 71	18 01	17 88	17 76	22 85
1907	17 83	18 10	17 67	17 87	18 50	19 04	19 62	18 37	17 85	19 41	18 00	17 80	18 34	23 26
1908	17 90	17 82	17 73	17 73	17 42	17 35	17 14	17 48	17 45	17 43	17 38	17 37	17 51	22 90
1909	17 51	17 64	17 94	18 33	19 31	19 59	19 50	18 28	17 93	17 85	17 90	18 04	18 32	23 60
1910	18 27	18 63	18 77	18 86	18 93	18 60	19 42	20 32	20 56	20 71	20 27	20 82	19 51	25 36
1911	20 93	20 89	20 84	20 74	20 89	20 61	19 54	19 50	19 60	19 70	19 31	19 73	20 23	25 90
1912	20 39	20 74	20 97	22 00	23 00	24 20	23 88	21 55	»	»	»	»	»	»

COURS MOYEN DU QUINTAL DE BLÉ ET DE LA FARINE À PARIS.
COTE OFFICIELLE.

MOIS.	BLÉ DU MARCHÉ DE PARIS. (Les 100 kilogr.)											
	1891.	1892.	1893.	1894.	1895.	1896.	1897.	1898.	1899.	1900.	1901.	1902.
1	2	3	4	5	6	7	8	9	10	11	12	13
	fr. c.	fr. c.	fr. c.	fr. c.	fr. c.	fr. c.	fr. c.	fr. c.	fr. c.	fr. c.	fr. c.	fr. c.
Janvier	»	25 72	21 70	21 20	19 10	18 55	22 45	28 58	21 53	18 70	19 19	21 82
Février	»	25 54	21 53	20 58	19 17	18 88	22 20	29 07	22 03	20 09	19 52	21 26
Mars	»	25 12	20 53	20 14	20 13	18 37	21 50	28 81	20 67	20 00	18 78	21 48
Avril	»	24 01	20 87	20 41	19 06	18 24	21 76	30 41	21 01	20 21	18 72	22 12
Mai	»	24 06	21 44	19 20	19 96	18 77	23 02	30 28	20 87	19 85	19 79	22 01
Juin	»	23 59	21 31	18 88	19 53	20 04	23 37	27 05	20 09	20 62	20 12	23 15
Juillet	»	22 58	20 77	18 77	18 01	19 25	24 07	23 90	20 23	20 23	21 05	24 15
Août	»	22 33	20 87	18 64	19 54	18 65	28 37	22 02	19 03	20 06	21 99	22 12
Septembre	»	21 80	20 84	18 57	18 05	18 23	20 04	21 53	19 35	20 23	21 26	20 37
Octobre	»	21 78	20 37	17 28	18 88	20 19	20 04	21 82	18 66	19 92	20 84	21 65
Novembre	27 42	21 10	20 00	18 30	18 47	21 78	20 82	21 84	17 74	19 91	21 16	21 50
Décembre	26 83	21 03	20 54	18 52	18 55	21 64	20 90	20 76	18 43	20 03	22 21	21 02

MOIS.	BLÉ DU MARCHÉ DE PARIS. (Les 100 kilogr.)										BLÉ INDIGÈNE MARCHÉ LIBRE. (Les 100 kilogr.)	
	1903.	1904.	1905.	1906.	1907.	1908.	1909.	1910.	1911.	1912.	1912.	
14	15	16	17	18	19	20	21	22	23	24	25	26
	fr. c.	fr. c.	fr. c.	fr. c.	fr. c.	fr. c.	fr. c.	fr. c.	fr. c.	fr. c.	fr. c.	fr. c.
Janvier	22 25	21 17	23 59	23 71	23 35	22 66	22 71	24 18	27 74	27 05	»	
Février	23 93	21 88	23 15	24 02	23 31	22 06	23 13	24 48	27 09	27 03	»	
Mars	22 85	21 85	23 44	24 01	23 00	22 25	24 20	24 72	26 97	27 82	»	
Avril	24 47	22 23	23 75	23 85	22 87	22 78	25 04	25 34	26 49	30 02	»	
Mai	24 99	20 90	24 53	23 67	24 60	23 09	26 52	25 22	28 10	31 04	»	
Juin	24 62	20 24	23 07	23 93	25 00	21 81	26 42	25 06	26 77	31 16	33 06	
Juillet	25 10	21 08	24 73	24 21	27 24	22 38	25 92	26 30	24 88	»	32 61	
Août	22 38	22 33	22 77	22 00	24 41	22 77	24 21	26 11	24 91	»	28 00	
Septembre	20 78	23 19	22 77	22 40	23 57	23 15	23 69	27 09	25 01	»	21 42	
Octobre	21 23	23 57	23 04	23 28	23 87	22 87	23 21	28 05	24 99	»	21 82	
Novembre	20 83	23 69	23 13	23 10	23 00	22 73	23 55	27 65	25 07	»	»	
Décembre	20 90	23 85	23 34	23 44	22 26	22 42	23 39	27 83	25 40	»	»	

COURS MOYEN DU QUINTAL DE BLÉ ET DE LA FARINE À PARIS. (Suite.)

COTE OFFICIELLE.

MOIS.	FARINES HUIT MARQUES.								FARINES SUPÉRIEURES.		
	SAC DE 157 KILOGRAMMES.								SAC DE 157 KILOGRAMMES.		
	1874.	1875.	1876.	1877.	1878.	1879.	1880.	1881.	1874.	1875.	1876.
1	2	3	4	5	6	7	8	9	10	11	12
	fr. c.	fr. c.	fr. c.	fr. c.	fr. c.	fr. c.	fr. c.	fr. c.	fr. c.	fr. c.	fr. c.
Janvier	»	53 52	56 70	63 50	69 59	59 57	69 75	61 66	»	52 01	54 85
Février	»	51 93	57 41	60 35	65 61	58 86	68 39	61 47	»	49 07	51 88
Mars	»	52 31	58 98	58 77	66 32	60 14	66 86	62 75	»	50 21	56 50
Avril	»	53 23	60 00	65 03	67 83	60 38	64 57	63 23	»	50 91	57 25
Mai	»	53 41	62 80	69 01	68 01	59 10	66 80	63 88	»	50 43	60 38
Juin	»	55 85	62 75	65 79	65 14	59 04	63 92	65 48	»	52 63	60 59
Juillet	»	60 10	57 54	68 58	63 83	60 24	62 13	67 01	»	56 87	56 43
Août	»	62 33	58 24	68 60	66 85	61 70	60 85	70 40	»	59 07	56 42
Septembre	»	60 46	58 71	71 01	67 58	63 58	56 92	71 75	»	57 55	56 97
Octobre	»	59 91	60 10	69 55	63 72	71 14	59 36	»	»	57 02	57 57
Novembre	54 23	58 95	60 75	69 45	61 43	71 70	69 39	»	52 68	56 04	58 08
Décembre	54 09	58 62	63 49	69 19	59 99	71 89	63 84	»	52 93	56 33	60 22

MOIS.	FARINES SUPÉRIEURES. (Suite.)						FARINES NEUF MARQUES.				
	SAC DE 157 KILOGRAMMES. [Suite.]				SAC DE 100 KILOGR.		SAC DE 157 KILOGRAMMES.				
	1877.	1878.	1879.	1880.	1880.	1881.	1881.	1882.	1883.	1884.	
13	14	15	16	17	18	19	20	21	22	23	24
	fr. c.	fr. c.	fr. c.	fr. c.	fr. c.	fr. c.	fr. c.	fr. c.	fr. c.	fr. c.	fr. c.
Janvier	59 77	66 22	58 23	69 82	»	39 16	»	63 50	57 93	48 26	
Février	57 40	63 19	56 91	68 41	»	39 20	»	63 88	59 64	48 64	
Mars	56 63	64 33	58 04	68 03	»	39 13	»	61 74	56 76	48 66	
Avril	61 73	65 57	56 79	64 86	»	39 13	»	62 72	56 34	45 89	
Mai	66 27	64 40	56 90	66 21	»	39 12	»	62 92	57 21	46 68	
Juin	62 55	61 56	57 02	66 18	»	40 40	»	62 33	57 96	47 55	
Juillet	66 37	61 88	58 06	60 70		44 43	»	61 89	56 66	47 21	
Août	67 10	63 81	50 76	61 13	»	41 77	»	62 06	57 84	44 50	
Septembre	69 06	64 32	61 45	»	36 63	42 25	66 98	58 27	56 33	44·52	
Octobre	67 60	61 75	69 21	»	38 31	»	67 90	57 81	53 85	45 38	
Novembre	67 00	60 25	70 51	»	39 06	»	65 09	57 42	53 45	45 25	
Décembre	66 51	59 81	71 81	»	39 93	»	65 55	61 66	53 68	44 39	

COURS MOYEN DU QUINTAL DE BLÉ ET DE LA FARINE À PARIS. (Suite.)

COTE OFFICIELLE.

FARINES DOUZE MARQUES.
SAC DE 157 KILOGRAMMES.

MOIS.	1885.	1886.	1887.	1888.	1889.	1890.	1891.	1892.	1893.	1804.	1895.	1896.	1897.	1898.	1899.
1	2	3	4	5	6	7	8	9	10	11	12	13	14	15	16
	fr. c.	fr. c.	fr. c.	fr. c.	fr. c.	fr. c.	fr. c.	fr. c.	fr. c.	fr. c.	fr. c.	fr. c.	fr. c.	fr. c.	fr. c.
Janvier	45 04	49 85	52 83	51 39	58 25	52 96	59 60	55 52	49 56	44 46	43 60	40 37	47 64	60 32	45 37
Février	46 43	47 80	51 61	51 99	56 96	52 49	60 03	54 78	48 11	43 11	43 81	41 09	46 88	62 13	45 08
Mars	47 30	47 27	52 49	52 29	56 25	58 01	60 92	53 68	40 65	42 29	42 93	40 75	44 99	62 73	43 15
Avril	47 15	47 50	53 90	53 60	53 66	54 12	64 96	51 49	46 34	43 40	41 65	40 03	44 48	64 71	42 90
Mai	47 58	46 81	56 75	52 65	52 80	53 96	63 25	52 74	40 92	39 94	43 97	39 27	45 32	65 82	43 37
Juin	46 72	46 77	57 28	52 32	54 43	55 39	63 07	52 90	46 06	40 05	45 08	40 15	45 83	59 89	43 15
Juillet	46 75	46 88	54 03	53 78	52 81	56 00	50 33	51 30	44 09	42 04	42 44	38 30	49 07	55 07	44 00
Août	44 18	49 75	47 13	58 42	53 81	58 80	61 53	51 33	44 32	43 14	42 11	39 37	57 71	53 76	42 60
Septembre	48 46	49 40	48 13	60 01	54 23	60 27	60 97	51 24	44 51	40 68	42 31	42 25	60 36	49 50	»
Octobre	47 98	50 70	48 37	63 65	52 66	58 89	60 23	51 84	43 05	39 47	43 39	42 44	61 09	47 66	»
Novembre	47 28	50 76	49 37	61 00	50 83	58 18	60 30	48 61	42 27	41 48	41 80	46 46	62 22	47 35	»
Décembre	46 89	52 00	50 92	60 14	53 39	58 94	58 31	47 90	43 81	42 14	41 18	46 51	61 70	45 38	»

FARINE-FLEUR DE PARIS.
SAC DE 100 KILOGRAMMES.

MOIS.	1899.	1900.	1901.	1902.	1903.	1904.	1905.	1906.	1907.	1908.	1909.	1910.	1911.	1912.	
17	18	19	20	21	22	23	24	25	26	27	28	29	30	31	32
	fr. c.	fr. c.	fr. c.	fr. c.	fr. c.	fr. c.	fr. c.	fr. c.	fr. c.	fr. c.	fr. c.	fr. c.	fr. c.	fr. c.	fr. c.
Janvier	»	24,65	24 73	27 73	29 27	29 23	31 01	30 70	26 31	30 16	29 46	31 95	37 10	33 21	
Février	»	26 20	25 07	26 65	31 02	30 07	29 83	30 10	29 77	29 64	30 38	32 97	36 56	33 80	
Mars	»	26 02	23 94	26 36	30 33	29 20	29 76	30 24	29 30	30 19	30 90	33 35	35 59	34 07	
Avril	»	26 80	23 58	26 83	32 77	28 42	30 11	30 52	29 56	29 32	32 07	32 44	35 11	36 81	
Mai	»	26 21	24 97	26 75	33 53	27 50	31 24	30 31	31 83	29 70	33 72	31 17	36 27	37 96	
Juin	»	27 85	25 28	29 02	33 87	27 38	30 06	30 23	33 04	28 61	33 77	31 71	34 66	41 27	
Juillet	»	26 68	26 03	39 10	32 76	28 57	31 03	31 47	34 49	29 23	33 49	34 54	32 88	41 61	
Août	»	25 95	27 90	30 26	30 58	30 02	29 69	31 11	33 48	31 06	33 32	38 33	32 49	40 06	
Septembre	26 02	26 05	27 37	28 74	30 14	30 96	30 01	29 97	32 42	30 78	31 39	37 43	31 80	33 06	
Octobre	24 09	25 50	26 76	30 75	30 82	31 07	31 34	31 38	31 98	29 89	29 97	37 93	31 77	37 75	
Novembre	23 81	25 78	26 88	29 88	29 56	31 35	31 11	31 24	31 22	29 70	30 05	37 56	31 02	»	
Décembre	24 15	25 93	27 80	28 41	28 37	31 46	30 98	29 57	30 21	29 24	31 11	37 67	31 66	»	

ROYAUME-UNI DE GRANDE-BRETAGNE ET D'IRLANDE.

TABLEAU COMPARATIF
DU PRIX MOYEN ANNUEL DU QUINTAL DE BLÉ EN FRANCS.

ANNÉES.	PRIX MOYEN annuel.	ANNÉES.	PRIX MOYEN annuel.	ANNÉES.	PRIX MOYEN annuel.	ANNÉES.	PRIX MOYEN annuel.	ANNÉES.	PRIX MOYEN annuel.
1	2	3	4	5	6	7	8	9	10
	fr. c.		fr. c.		fr. c.		fr. c.		fr. c.
1770		1801	65 85	1831	36 65	1861	31 50	1891	20 40
1771	26 75	1802	38 05	1832	32 35	1862	30 53	1892	16 67
1772	28 80	1803	52 00	1833	29 15	1863	24 65	1893	14 50
1773	28 98	1804	29 70	1834	25 45	1864	22 15	1894	13 15
1774	29 90	1805	49 50	1835	21 70	1865	22 65	1895	12 70
1775	27 05	1806	43 00	1836	26 75	1866	27 50	1896	14 40
1776	21 70	1807	41 50	1837	30 35	1867	35 50	1897	16 60
1777	25 85	1808	44 85	1838	35 80	1868	35 15	1898	18 75
1778	[illegible]	1809	[illegible]	1839	[illegible]	1869	26 83	1899	14 15
1779	19 10	1810	58 05	1840	36 05	1870	25 40	1900	14 85
1780	20 25	1811	52 50	1841	35 45	1871	31 25	1901	14 75
1781	25 35	1812	69 70	1842	31 55	1872	31 40	1902	15 50
1782	27 15	1813	00 50	1843	27 60	1873	33 40	1903	14 75
1783	29 90	1814	40 93	1844	28 25	1874	30 70	1904	15 60
1784	27 75	1815	30 13	1845	27 60	1875	24 00	1905	20 95
1785	23 75	1816	43 25	1846	30 15	1876	23 45	1906	15 60
1786	22 03	1817	53 40	1847	38 45	1877	31 30	1907	16 85
1787	23 40	1818	47 55	1848	27 85	1878	25 60	1908	17 60
1788	25 55	1819	41 13	1849	24 40	1879	23 75	1909	20 35
1789	29 05	1820	36 95	1850	22 20	1880	24 65	1910	17 45
1790	30 20	1821	30 90	1851	21 20	1881	25 00	1911	17 45
1791	26 75	1822	24 43	1852	22 10	1882	24 65		
1792	23 70	1823	29 40	1853	29 35	1883	22 93		
1793	27 15	1824	35 25	1854	39 90	1884	19 65		
1794	[illegible]	1825	[illegible]	1855	41 13	1885	17 [illegible]		
1795	41 45	1826	32 35	1856	38 10	1886	17 10		
1796	43 25	1827	32 25	1857	31 03	1887	17 90		
1797	29 50	1828	33 30	1858	21 35	1888	17 10		
1798	28 15	1829	36 50	1859	23 20	1889	21 00		
1799	38 05	1830	35 50	1860	29 35	1890	17 60		
1800	62 35								

PRIX MOYENS MENSUELS DU BLÉ À LIVERPOOL DE 1892 À 1912

exprimés en francs par quintal.

MOIS.	1892.	1893.	1894.	1895.	1896.	1897.	1898.	1899.	1900.	1901.	1902.
1	2	3	4	5	6	7	8	9	10	11	12
	fr. c.	fr. c.	fr. c.	fr. c.	fr. c.	fr. c.	fr. c.	fr. c.	fr. c.	fr. c.	fr. c.
Janvier...	22 10	16 20	14 50	12 75	15 45	18 30	20 50	16 30	16 30	16 90	17 05
Février	21 70	16 20	14 15	12 30	15 85	17 30	22 45	15 85	16 55	16 55	16 95
Mars.	21 80	15 50	13 65	12 95	15 30	17 00	21 80	15 03	16 70	16 50	17 00
Avril	20 90	15 60	13 55	13 90	15 35	16 45	24 35	15 45	17 70	16 45	17 20
Mai	10 45	16 00	12 60	15 40	15 40	16 30	29 90	16 45	16 15	16 35	17 55
Juin	19 85	15 60	12 30	15 65	15 15	15 85	24 45	16 00	17 25	16 00	16 95
Juillet	19 45	15 75	12 45	14 60	14 50	17 15	18 30	15 65	17 25	15 50	17 30
Août	17 40	15 15	11 60	15 00	14 25	20 95	16 90	15 30	16 70	15 75	17 25
Septembre	16 45	15 35	11 70	13 75	15 40	21 95	16 05	16 10	17 20	15 40	16 45
Octobre	16 80	14 90	11 40	16 20	18 05	20 95	16 95	16 30	16 70	15 75	16 20
Novembre	16 35	14 40	12 55	14 35	18 85	20 85	16 95	15 85	16 55	16 05	16 20
Décembre	15 85	14 85	13 80	14 20	18 85	20 75	16 50	15 55	16 30	17 15	16 75

MOIS.	1903.	1904.	1905.	1906.	1907.	1908.	1909.	1910.	1911.	1912.	
13	14	15	16	17	18	19	20	21	22	23	24
	fr. c.	fr. c.	fr. c.	fr. c.	fr. c.	fr. c.	fr. c.	fr. c.	fr. c.	fr. c.	fr. c.
Janvier	17 20	16 60	19 95	18 65	17 40	21 60	21 95	23 55	20 40	20 95	
Février	17 25	17 15	22 00	18 30	18 00	20 15	23 10	23 25	20 50	21 80	
Mars	17 15	17 75	21 25	17 75	18 00	19 75	23 40	22 85	20 00	22 70	
Avril	16 95	17 60	19 25	18 00	17 30	19 55	24 65	22 50	19 95	23 25	
Mai	17 20	17 05	18 30	17 85	18 30	20 65	25 70	20 00	20 15	23 25	
Juin	17 25	16 50	18 35	17 55	19 50	20 30	23 55	19 25	19 80	23 15	
Juillet	16 95	16 90	18 45	17 50	20 05	20 55	26 45	21 80	20 15	23 85	
Août	17 25	20 05	18 30	17 30	19 90	20 00	24 40	22 65	19 80	22 35	
Septembre	17 20	20 60	17 95	17 55	21 85	21 45	22 15	22 65	20 15	21 90	
Octobre	16 90	20 05	18 15	18 00	24 20	21 40	22 00	21 95	20 60	22 25	
Novembre	16 60	21 40	18 90	17 75	24 25	21 90	22 75	20 00	20 05		
Décembre	16 70	19 30	18 30	17 70	25 15	21 90	23 40	20 05	20 40		

PRIX MOYEN ANNUEL, EN FRANCS, DU QUINTAL DE BLÉ
DANS DIVERS PAYS DU MONDE.

ANNÉES.	ALLEMAGNE.															AUTRICHE-HONGRIE.		
						HAMBOURG.												
	BERLIN.	BRESLAU.	COLOGNE. Blé indigène.	DANTZICK.	FRANCFORT-SUR-LE-MEIN.	Blé indigène.	Blé russe.	Blé La Plata.	KOENIGSBERG.	LEIPSICK.	LINDAU.	MAGDEBOURG.	MANNHEIM.	MUNICH.	POSEN.	VIENNE.	CZERNOWITZ.	INSPRUCK.
1	2	3	4	5	6	7	8	9	10	11	12	13	14	15	16	17	18	19
	fr. c.	fr. c.	fr. c.	fr. c.	fr. c.	fr. c.	fr. c.	fr. c.	fr. c.	fr. c.	fr. c.	fr. c.	fr. c.	fr. c.	fr. c.	fr. c.	fr. c.	fr. c.
1850																20 45		
1851																21 60		
1852																23 80		
1853																26 35		
1854																40 95		
1855																42 90		
1856																36 95		
1857																23 60		
1858																21 65		
1859																22 20		
1860																29 25		
1861																29 60		
1862																25 85		
1863																23 85		
1864																23 55		
1865																21 60		
1866																31 85		
1867																		
1868																30 90		
1869																25 75		
1870																29 55		
1871																33 50		
1872																31 80		
1873																42 35		
1874																37 90		
1875																28 95		
1876																41 35		
1877																48 40		
1878																27 95		
1879																28 35		
1880	27 25	25 35	29 25	26 20	29 65				25 75	25 75	32 65	27 05	30 90	29 20	25 90	31 60	32 50	38 20
1881	27 45	25 80	29 60	26 30	30 25				26 10	20 15	32 40	27 90	31 20	29 90	25 95	31 50	31 90	38 80
1882	25 50	23 95	28 35	24 55	29 50				24 50	26 75	30 20	26 40	29 65	25 95	24 00	29 60	28 00	35 20
1883	24 50	19 35	25 55	22 65	25 65				22 65	21 90	28 40	23 40		22 70	21 60	27 80	28 10	35 60
1884	20 25	19 60	22 50	19 65	23 45				20 50	22 05	26 20	21 50	23 15	22 10	21 10	32 75	26 45	31 80
1885	20 10	18 25	21 70	17 90	22 65				19 65	20 90	24 50	20 65	23 40	22 60	19 45	22 75	21 05	29 25
1886	18 90	17 70	20 93	17 35	21 75				19 20	20 35	25 45	19 85	23 65	23 55	18 75	25 00	24 95	30 20
1887	20 00	19 15	21 45	17 65	22 50				19 90	21 25	25 20	20 80	23 75	23 75	19 90	22 65	23 80	28 60
1888	21 55	20 65	22 70	16 90	23 50				20 75	22 60	25 85	22 20	25 75	24 25	20 95	20 90	20 45	28 30
1889	23 40	21 75	24 50	17 15	24 65				22 10	23 35	27 50	23 40	26 40	24 65	21 85	21 70	23 90	29 25
1890	24 40	23 15	25 80	18 15	26 15				23 25	23 90	29 15	24 05	27 30	26 65	23 20	22 35	24 85	28 60
1891	28 05	27 15	29 10	22 25	29 20	28 20			27 70	25 50	32 25	26 80	30 15	29 95	27 65	26 50	31 20	33 40
1892	22 10	22 60	23 95	19 80	24 35	22 35			22 95	23 55	29 65	22 10	25 55	25 70	23 40	22 00	28 70	29 25
1893	18 90	17 75	20 50	15 70	20 45	19 60	14 80	15 25	17 85	19 40	25 70	18 55	23 55	21 75	18 15			
1894	17 00	16 15	17 55	12 85	17 90	16 90	13 00	11 75	15 85	16 65	23 40	16 10	18 85	19 45	16 25	15 65	14 15	18 55
1895	17 80	17 50		13 50	18 80	17 25	13 90	13 15	17 45	17 45	22 25	16 25	19 40	20 55	17 55	15 60	14 90	19 10
1896	19 55	18 90		14 75	20 25	19 10			18 35	19 70	23 25	18 25	21 05	21 80	19 15	16 55	15 45	19 95
1897	21 65	20 30		16 40	22 15	21 25	19 60		20 95	20 25	27 90		24 35	23 40		22 90	19 45	24 55
1898	[illegible]	[illegible]		[illegible]	[illegible]	[illegible]	[illegible]	[illegible]	[illegible]	[illegible]	[illegible]		[illegible]	[illegible]		[illegible]	[illegible]	[illegible]
1899	19 40	18 00		14 65	20 35	19 60		15 25	18 90	19 35	26 05		22 40	22 35		21 30	18 10	23 75
1900	18 05	17 15			20 20	19 30	17 15	16 15	17 95	18 25	24 55		22 20	22 30		18 35	16 35	21 05
1901	20 45	19 50	20 70		21 15	20 50	16 55	16 30	19 35	20 70	24 25		22 10	23 25		18 65	16 80	21 10
1902	20 40	19 90	20 45	16 00	21 00	20 40	16 70		19 85	20 50	24 00		21 75	22 90		20 10	17 15	21 95
1903	20 15	18 60	20 50	15 85	20 60	19 30	17 05	16 45	18 95	19 15	23 30	18 60	22 00	21 50	19 10	18 65	16 90	20 70
1904	21 80	21 10	21 75		22 05	21 35		18 10	20 95	21 50	24 10	20 25	23 00	23 35	21 15	21 90	18 95	23 40
1905	21 85	20 30	21 75	16 40	22 75	21 65	18 15	18 10	20 60	21 60	24 45	20 15	23 55	23 90	20 95	21 15	17 85	24 10
1906	22 45	21 00	22 15		23 05	22 45	17 95	17 85	21 60	21 60	24 70	20 50	24 55	24 10	21 30	19 00	17 20	21 25
1907	25 80	24 75	25 70		26 15	25 30		21 00	24 80	25 05	29 15	24 75	27 95	27 55	25 50	23 70	21 40	25 40
1908	26 40	25 10	25 90		26 40	25 95		21 25	25 00	25 85	30 15	25 40	29 60	27 95	25 40	27 65	25 20	29 80
1909	29 20	27 80	25 80	23 10	29 65	28 80		24 05	27 80	28 85	33 00	28 65	31 50	30 65	27 90	32 95	27 85	
1910	26 40	23 05	26 10	19 15	26 60	24 15	20 70	19 95	25 30	25 70	29 30	25 50	28 55	27 75	24 70	27 40	24 10	
1911	25 40	23 10	25 00	24 70	26 10	25 15	19 95	20 40	24 30	24 85	29 00	24 65	27 90	27 65	33 95	27 55	24 25	

PRIX MOYEN ANNUEL, EN FRANCS, DU QUINTAL DE BLÉ
DANS DIVERS PAYS DU MONDE. (Suite.)

	AUTRICHE-HONGRIE (Suite.)				BELGIQUE.		BUL-GARIE.	DANE-MARK.	ITALIE.	LUXEM-BOURG.	NORWÈGE.				PAYS-BAS.	
ANNÉES.	LINZ.	PRAGUE.	BUDA-PESTH.	TRIESTE.	MOYENNE générale.	ANVERS.	MOYENNE générale.	MOYENNE générale.	MOYENNE générale.	MOYENNE générale.	MOYENNE générale.	CHRISTIANIA.	HAMOR.	BERGEN.	MOYENNE générale.	AMSTERDAM.
1	2	3	4	5	6	7	8	9	10	11	12	13	14	15	16	17
	fr. c.	fr. c.	fr. c.	fr. c.	fr. c.	fr. c.	fr. c.	fr. c.	fr. c.	fr. c.	fr. c.	fr. c.	fr. c.	fr. c.	fr. c.	fr. c.
1850					21 00					16 60						
1851					21 65					19 05						
1852					26 15					25 35						
1853					32 50			24 55		30 60						
1854					40 90					38 35						
1855					43 15					41 40						
1856					40 00					38 35						
1857					29 90					28 85						
1858					23 50			20 50		23 25						
1859					24 00					22 70						
1860					31 15					30 80						
1861					33 65					32 60						
1862					31 50					31 70						
1863					27 00			19 80		27 25						
1864					23 90					24 40						
1865					23 10					21 00						
1866					28 00					26 00						
1867					36 90					31 75					37 00	
1868					35 25			25 20		32 60					34 45	
1869					27 60					25 15					27 60	
1870					29 35					31 05					27 70	
1871					36 25				32 45	37 60					32 60	
1872					33 40				34 75	32 75					32 50	
1873				33 15	35 50			25 90	38 55	35 30					34 60	
1874				29 00	33 00				39 20	33 25					32 65	
1875				22 15	26 25				29 10	25 65					25 45	
1876				23 10	28 00			25 20	30 20	25 90					26 75	
1877				25 25	32 60			23 20	35 15	31 10					29 75	
1878				21 35	28 75			20 15	32 85	28 00					27 50	
1879				23 50	27 25			23 75	32 80	27 25					25 20	
1880	32 60	31 75	30 55	26 80	28 50			22 95	33 70	30 85					28 20	
1881	30 22	31 25	36 30	27 60	28 50			23 60	28 00	30 50					28 20	
1882	29 60	28 95	36 30	23 90	27 15			20 50	27 05	29 25					27 10	
1883	25 80	24 85	34 40	21 60	24 50			19 65	24 50	25 15					23 85	
1884	21 35	20 10	22 65	19 10	22 00			16 70	23 05	23 80					22 40	
1885	19 70	24 55	29 65	17 15	19 90			15 30	22 80	23 40					18 95	14 65
1886	21 40	24 15	22 60	16 95	18 95			16 65	22 85	21 80	24 90				18 45	12 95
1887	21 45	24 90	21 95	16 50	19 10			15 90	22 80	23 15	24 50				»	11 65
1888	18 50	22 00	27 10	15 20	19 50			16 65	22 85	24 15	25 25				17 55	11 60
1889	18 45	21 95	20 70	17 10	18 50			16 15	24 36	23 75	20 15				17 95	12 95
1890	20 70	22 05	20 65	18 10	19 75		13 80	16 15	23 95	25 60	26 15				18 90	18 70
1891	26 50	27 40	23 05	21 90	13 95			20 15	26 00	29 75	30 05				18 40	21 20
1892	23 30	26 00	31 55	19 40	15 45			15 20	25 30	25 55	26 70				14 00	15 50
1893	»	»	»	16 40	18 05	14 00		14 10	22 00	23 10	22 55				12 30	14 45
1894	14 85	17 15	15 25	14 40	20 55	11 30		11 45	19 65	20 20	18 05				12 00	11 40
1895	15 35	16 25	15 60	14 35	13 95	12 90	10 95	12 45	21 25	19 15	18 95				12 95	12 30
1896	16 85	17 70	16 70	15 50	13 85	13 85	11 70	13 50	23 05	20 40	20 75				14 90	13 95
1897	21 35	21 85	22 45	22 00	18 05	18 75	15 35	17 15		23 15	24 35				19 85	17 20
1898	23 95	25 15	24 35	24 90	20 55	18 80	17 20	15 75		20 85					14 80	18 20
1899	21 95	20 50	21 20	19 35	16 20	16 30	16 35	14 15		20 85					13 95	15 70
1900	17 70	18 15	18 40	15 90	16 20	16 30	15 50	14 15		20 95					15 10	15 90
1901	17 60	18 75	18 75	16 60	16 30	16 25	14 65	15 65		21 55					15 80	16 00
1902	18 60	19 40	19 45	17 90	16 35	16 10	14 45	14 00							14 35	»
1903	17 05	17 35	18 40	16 60	16 25	16 60	13 50	14 50							14 90	15 90
1904	19 30	20 90	21 30	19 75	17 35	17 50	13 40	13 75							16 15	17 60
1905	19 80	21 10	19 95	19 00	17 65	17 75	14 25	16 60				15 55	16 90	20 30	16 50	19 00
1906	17 60	18 20	18 95	16 65	17 00	16 25	14 00	15 00				15 65	16 95	21 45	15 70	17 90
1907	20 00	21 75	21 40	21 40	20 00	19 25	17 45	19 75				16 20	17 85	20 70	18 25	20 00
1908	24 40	25 40	27 10	25 50	21 00	21 90	19 80	17 75				18 65	19 95	24 45		19 00
1909	28 95	30 65	31 65	30 75	»	23 90		20 55				18 35	19 60	24 57		22 85
1910	23 05	24 70	20 20	»	»	»		18 15				17 80	18 85	23 15		
1911	24 65	26 20	26 00	»	»	»										10 95

PRIX MOYEN ANNUEL, EN FRANCS, DU QUINTAL DE BLÉ
DANS DIVERS PAYS DU MONDE. (Suite.)

ANNÉES.	RUSSIE.									SERBIE.	SUÈDE.	SUISSE.	BERNE.	
	SAINT-PÉTERSBOURG.	ODESSA.	TAGANROG.	NOVOROSSYSK.	NICOLAÏEW.	RIGA.	ROSTOW-SUR-LE-DON.	SAMARA.	SARATOW.	MOYENNE générale.	MOYENNE générale.	MOYENNE générale.	Blé russe.	Blé indigène.
1	2	3	4	5	6	7	8	9	10	11	12	13	14	15
	fr. c.	fr. c.	fr. c.	fr. c.	fr. c.	fr. c.	fr. c.	fr. c.	fr. c.	fr. c.	fr. c.	fr. c.	fr. c.	fr. c.
1850														
1851												24 00		
1852														
1853		9 45	6 15											
1854														
1855												30 00		
1856														
1857														
1858		14 25	13 40											
1859														
1860												32 75		
1861	18 90	14 60	13 40											
1862	18 40	12 40	13 25											
1863	16 90	11 90	11 90							11 30				
1864	14 25	11 40	11 75							11 25				
1865	14 10	12 90	12 90							9 70		23 50		
1866	18 60	17 40	15 60							12 70				
1867	22 40	19 10	18 10							14 50				
1868	20 40	19 75	17 10							12 75				
1869	18 75	15 90	14 25							11 25				
1870	18 60	15 60	14 40							12 80		31 50		
1871	18 88	17 88	18 88							10 00				
1872	22 25	17 40	16 40							22 15				
1873	22 25	20 75	19 40							21 05				
1874	24 40	17 60	18 10							17 30				
1875	20 75	16 10	15 25							13 90		30 00		
1876	18 75	17 25	14 75							15 35				
1877	24 60	15 40	15 75							18 50				
1878	21 10	20 10	19 40							17 55				
1879	22 75	22 60	23 90							16 70				
1880	25 40	24 00	26 60							19 55		29 50		
1881	26 90	23 75	24 60							17 75		30 75		
1882	22 90	22 60	10 75							15 95		29 75		
1883	21 60	21 90	27 10							13 60		29 00		
1884	18 75	18 10	16 60							14 75		24 25		
1885	17 25	16 40	15 25							12 85		21 25		
1886	18 75	18 40	18 40							15 20		21 75		
1887	18 10	18 40	16 40							13 90		21 25		
1888		15 05								10 75		20 25		
1889		14 45								11 55		20 75		
1890		16 00		16 20	15 95	16 95	14 00	13 15	13 50	13 40		23 50		
1891		18 35		18 00	17 50	19 50	16 30	18 60	17 35	15 95		26 50	28 20	21 90
1892		14 05		15 10	15 10	18 55	13 90	18 00	16 55	12 40		23 25	25 15	19 65
1893		11 55		12 25	12 40	15 50	12 45	12 70	13 35	10 35		20 25	22 05	18 90
1894		9 75		9 25	9 20	13 25	8 85	9 50	9 75	10 15		18 25	18 75	17 00
1895		11 10		10 75	11 05	12 10	9 90	8 25	8 50	11 00		18 00	17 95	16 25
1896		12 95		12 45	12 05	13 15	11 40	8 40	8 30	10 40		19 00	20 00	17 25
1897		15 65		15 90	15 55	16 15	14 90	12 35	11 60	15 85		24 00	24 15	20 90
1898		17 10		18 10	16 80	17 75	17 05	16 00	15 15	17 70		26 08	27 85	23 80
1899		[illegible]		[illegible]	[illegible]	[illegible]	[illegible]	[illegible]	[illegible]	[illegible]		[illegible]	[illegible]	[illegible]
1900		14 40								11 15	19 40	21 25	22 00	19 65
1901		14 50								12 65	19 75	20 75		19 48
1902		14 00		14 10	13 20	15 60	13 95	14 30	12 20	13 60	18 20	20 50		19 56
1903		14 10								12 30	18 75	20 00		19 00
1904		15 75								13 80	19 20	20 33		19 30
1905		15 00		16 60	14 00	15 80	15 45	15 10	15 20	13 85	19 65	21 37		21 15
1906		18 50		18 80	16 25	18 95	19 10	18 55	18 35	11 75	19 65	20 60		21 00
1907		21 75		20 05	18 85	20 80	22 00	20 40	19 80	15 45	21 35	23 20		21 00
1908		21 60		18 80	18 35	20 85	20 50	16 70	19 80		21 30	26 25		22 65
1909		16 75		17 15	15 90	18 45	17 75	14 20	16 60			27 25		24 08
1910														
1911												22 67		22 93

PRIX MOYEN ANNUEL, EN FRANCS, DU QUINTAL DE BLÉ
DANS DIVERS PAYS DU MONDE. (Suite.)

ANNÉES.	INDES BRITANNIQUES.						JAPON.	CA NADA.	ÉTATS-UNIS.		RÉPUBLIQUE ARGENTINE.				AUSTRALIE.	
	PRIX DE GROS.			PRIX DE DÉTAIL.			MOYENNE générale.	PRIX d'exportation.	PRIX MOYEN au port d'exportation.	PRIX MOYEN à la ferme.	PROVINCE DE Buenos-Ayres.	PROVINCE de Santa Fé.	PROVINCE DE Cordoba.	PROVINCE de Entre-Rios.	NOUVELLES-GALLES DU SUD. Prix de gros.	VICTORIA. Prix à la ferme.
	CALCUTTA.	DELHI.	KARACHI.	CALCUTTA.	DELHI.	KARACHI.										
1	2	3	4	5	6	7	8	9	10	11	12	13	14	15	16	17
	fr. c.	fr. c.	fr. c.	fr. c.	fr. c.	fr. c.	fr. c.	fr. c.	fr. c.	fr. c.	fr. c.	fr. c.	fr. c.	fr. c.	fr. c.	fr. c.
1850																
1851																
1852																
1853																
1854																
1855																
1856																
1857																
1858																
1859																
1860																
1861																
1862																
1863																
1864																
1865																
1866																
1867																
1868																
1869																
1870																
1871																
1872																
1873																
1874																
1875																
1876																
1877																
1878																
1879																
1880									21 15	18 10						
1881									22 65	22 65						
1882									21 50	10 75						
1883									20 35	17 30						
1884									16 40	12 20						
1885									16 55	14 63						
1886									16 95	12 95						
1887									16 20	12 95						
1888									17 15	17.50						
1889									15 80	13 15						
1890									17 70.	15 80						
1891									19 60	15 80						
1892									13 25	11 80						
1893									12 75	10 30						
1894									11 05	9 30						
1895									12 35	9 50						
1896									14 25	13 70						
1897	18 60	17 00	14 80	21 60	17 60	20 00		12 85	18 65	15 40						
1898	14 60	9 80	13 60	15 40	12 20	15 60		16 55	14 25	11 03						
1899	13 80	12 00	15 80	14 80	12 00	14 60		13 60	13 70	11 05					12 85	9 55
1900	16 20	14 80	12 20	17 00	15 40	17 00	14 85	12 85	13 90	11 80	9 30	9 40	9 03	18 30	12 30	10 65
1901	16 80	12 60	13 20	17 60	13 00	15 00	13 35	12 85	13 90	11 80	"	"	"	"	12 10	10 85
1902	15 20	10 40	13 20	16 20	11 40	13 60	13 55	13 25	14 65	12 00	"	"	"	"	20 00	12 70
1903	13 40	11 20	13 20-	14 40	11 40	12 20	17 80	13 00	15 40	13 15	"	"	"	"	23 35	20 50
1904	13 80	10 80	13 00	15 20	11 00	13 80	18 00	14 35	16 95	17 50	11 80	11 40	11 15	12 00	14 55	11 75
1905	15 00	13 40	14 40	14 60	13 40	15 00	19 30	15 45	15 00	14 25	"	"	"	"	15 50	13 05
1906	15 60	13 80	14 20	16 60	13 80	14 80	16 60	15 05	13 05	12 75	12 15	12 30	12 10	12 30	14 75	12 70
1907	18 40	16 00	15 80	19 00	15 60	16 20	18 80	14 35	18 83	"	12 10	12 10	12 10	12 10	17 40	12 15
1908	23 20	20 80	19 40	24 40	21 00	21 80	18 35	16 55	19 30	"	15 40	15 40	14 95	13 40	19 40	17 85
1909	20 80	17 00	19 20	21 60	18 60	20 80	19 40	19 65	19 30	"	15 40	16 50	16 20	16 50	21 60	16 70
1910							20 20	19 20	17 50	"	18 70	18 70	17 00	18 70		16 70
1911																

[illegible]

9 782019 317416